Razeen Ridhwan

Monitorização de dados de voo (FDM)

Razeen Ridhwan

Monitorização de dados de voo (FDM)

Um guia completo

ScienciaScripts

Imprint
Any brand names and product names mentioned in this book are subject to trademark, brand or patent protection and are trademarks or registered trademarks of their respective holders. The use of brand names, product names, common names, trade names, product descriptions etc. even without a particular marking in this work is in no way to be construed to mean that such names may be regarded as unrestricted in respect of trademark and brand protection legislation and could thus be used by anyone.

Cover image: www.ingimage.com

This book is a translation from the original published under ISBN 978-3-659-78328-9.

Publisher:
Sciencia Scripts
is a trademark of
Dodo Books Indian Ocean Ltd. and OmniScriptum S.R.L publishing group

120 High Road, East Finchley, London, N2 9ED, United Kingdom
Str. Armeneasca 28/1, office 1, Chisinau MD-2012, Republic of Moldova, Europe
Managing Directors: Ieva Konstantinova, Victoria Ursu
info@omniscriptum.com

Printed at: see last page
ISBN: 978-620-8-37134-0

MONITORIZAÇÃO DE DADOS DE VOO (FDM) - UM GUIA COMPLETO

RAZEEN RIDHWAN UTHUMAN

ÍNDICE DE CONTEÚDOS

SECÇÃO - 01

INTRODUÇÃO À MONITORIZAÇÃO DE DADOS DE VOO (FDM)

1. Introdução à Monitorização de Dados de Voo (FDM)

A secção **Introdução à Monitorização de Dados de Voo (FDM)** fornece uma compreensão fundamental da FDM, abrangendo as suas origens, desenvolvimento, finalidade e componentes essenciais para as normas de segurança da aviação actuais.

1.1 Definição e objetivo da FDM

A Monitorização de Dados de Voo (FDM) é uma abordagem sistemática para capturar, armazenar, analisar e interpretar dados de voo digitais das operações diárias. Ao recolher dados de operações de voo normais, a FDM permite aos operadores gerir proactivamente a segurança, identificando e abordando potenciais riscos de segurança antes que estes conduzam a incidentes ou acidentes.

- **Gestão proactiva da segurança**: Ao contrário das medidas de segurança reactivas que respondem a eventos pós-incidente, a FDM permite que os operadores assumam uma posição proactiva, abordando tendências, padrões e anomalias nas operações de rotina.
- **Tomada de decisões com base em dados**: O FDM equipa as companhias aéreas e os operadores com os dados quantitativos necessários para tomar decisões informadas que melhoram os protocolos de segurança e a eficiência operacional.

1.2 Antecedentes históricos e evolução do FDM

O conceito de FDM evoluiu significativamente, impulsionado pelos avanços da tecnologia digital e do processamento de dados. As suas raízes estão nos primeiros dispositivos de registo instalados nas aeronaves em meados do século

XX, que eram utilizados principalmente para análise pós-incidente. Os principais marcos históricos da FDM incluem:

- **Gravadores de caixa negra**: A invenção dos gravadores de caixa negra na década de 1950 constituiu o primeiro grande avanço, permitindo que os dados das conversas na cabina de pilotagem e os parâmetros de voo fossem registados para investigações pós-incidente.
- **Transição para a monitorização proactiva**: Como a indústria da aviação reconheceu o valor dos dados operacionais em voos de rotina, o FDM surgiu como uma medida proactiva, passando de uma utilização meramente pós-incidente para uma monitorização operacional diária.
- **Integração com dados digitais de vôo**: Com os avanços no registo e armazenamento digital, os sistemas FDM modernos aproveitam agora grandes quantidades de dados de voo para seguir tendências e identificar factores de risco, tornando o FDM uma pedra angular dos sistemas modernos de gestão da segurança (SMS).

1.3 Vantagens do FDM na aviação moderna

A FDM oferece múltiplas vantagens, aumentando a segurança e a eficiência operacional. As principais vantagens incluem:

1. **Segurança operacional melhorada**: Os dados FDM ajudam a identificar riscos potenciais, destacando desvios dos procedimentos operacionais padrão (SOPs) ou normas aceites nos parâmetros de voo.
2. **Eficiência de custos**: Ao abordar proactivamente as ineficiências e os riscos operacionais, a FDM reduz os encargos financeiros associados a incidentes, reparações de aeronaves e períodos de inatividade.
3. **Otimização do desempenho**: Os dados FDM podem ajudar a melhorar o desempenho da tripulação e a adesão aos procedimentos, fornecendo feedback sobre as operações de voo, conduzindo a um desempenho optimizado em toda a linha.
4. **Apoio à melhoria contínua**: O FDM serve como base de dados para iniciativas de melhoria contínua, permitindo que as companhias aéreas desenvolvam os seus protocolos de segurança e se adaptem às mudanças nos requisitos do

sector.

5. **Conformidade regulamentar**: Em jurisdições onde o FDM é obrigatório, ter um programa FDM estabelecido garante que os operadores permaneçam em conformidade com os regulamentos de segurança da aviação, como os delineados pela ICAO, FAA e EASA.

1.4 Mandatos globais e normas regulamentares

O Anexo 6 da Organização da Aviação Civil Internacional (ICAO) impõe a FDM aos operadores de grandes aeronaves comerciais, promovendo-a como uma das melhores práticas mundiais em matéria de segurança da aviação. Os principais organismos reguladores também implementaram os seus próprios requisitos:

- **Normas da ICAO**: A ICAO exige o FDM para aeronaves com mais de 27 toneladas, centrando-se na recolha de dados de rotina para aumentar a segurança.
- **Regulamentos EASA e EU-OPS**: Os operadores europeus cumprem os requisitos FDM ao abrigo das diretrizes EU-OPS da EASA, dando ênfase à partilha de dados e à conformidade entre os Estados-Membros da UE.
- **Regulamentos da FAA nos Estados Unidos**: Embora não seja universalmente exigido, a FAA apoia fortemente as práticas de FDM, particularmente em programas de segurança voluntários que incentivam a gestão proactiva da segurança.

1.5 Componentes principais de um programa eficaz de FDM

Um programa FDM eficaz consiste em vários componentes principais concebidos para otimizar a recolha, análise e implementação de dados de voo. Os elementos primários incluem:

1. **Sistemas de aquisição de dados**: Equipamentos como as unidades de aquisição de dados de voo (FDAU) e os gravadores de acesso rápido (QAR) são essenciais para captar os dados operacionais necessários dos sistemas da

aeronave durante cada voo.

2. **Software de processamento e análise de dados**: O FDM moderno baseia-se em software que pode processar grandes conjuntos de dados, identificar tendências e destacar excedências. Estas ferramentas fornecem aos operadores informações acionáveis que podem ser utilizadas para melhorar a segurança e os procedimentos operacionais.

3. **Relatórios de Excedência e Monitoramento de Eventos**: Um sistema FDM eficaz rastreia os excessos, ou desvios dos parâmetros de voo padrão, e fornece alertas em tempo real ao pessoal de gestão e operacional para uma intervenção atempada.

4. **Circuitos de feedback**: Para que a FDM atinja o seu objetivo, as conclusões devem ser comunicadas a toda a organização para permitir a tomada de medidas corretivas, incluindo melhorias nos programas de formação, instruções à tripulação e ajustamentos processuais.

5. **Integração com os Sistemas de Gestão da Segurança (SMS)**: A FDM é mais eficaz quando integrada no SMS de um operador, fornecendo uma base de dados para a gestão do risco e iniciativas de melhoria contínua.

SECÇÃO - 02

OBJECTIVOS DO SISTEMA FDM DE UM OPERADOR

2. Objectivos do sistema FDM de um operador

O principal objetivo de um sistema FDM é preencher a lacuna entre os **procedimentos operacionais padrão (SOPs)** e o desempenho real do voo. Um programa FDM bem estruturado ajuda os operadores a manter os padrões de segurança, identificando sistematicamente as áreas em que o desempenho real se desvia das normas esperadas.

2.1 Identificação de desvios dos PONs

Um dos objectivos críticos do FDM é **identificar e monitorizar os desvios** dos SOPs, incluindo parâmetros como a velocidade, a altitude, o rumo e o desempenho do motor. Ao registar e comparar sistematicamente estes parâmetros, os operadores podem:

- Detetar incoerências que possam indicar incumprimento de procedimentos.
- Avaliar a frequência com que ocorrem os desvios e se são localizados (por exemplo, numa determinada rota, tripulação ou aeronave).
- Controlar as configurações de aproximação e aterragem, uma vez que estas fases apresentam frequentemente desvios devidos a pressões ambientais ou operacionais.

2.2 Avaliação quantitativa dos riscos

Um sistema FDM fornece um quadro para a **avaliação quantitativa do risco**, o que significa que permite aos operadores avaliar a segurança operacional em termos mensuráveis. Ao atribuir níveis de risco a vários parâmetros, os operadores podem desenvolver:

- **Métricas de segurança**: Estabelecer métricas para determinar o grau de alinhamento das operações efectivas com as margens de segurança estabelecidas.

- **Rastreamento de Excesso de Limite**: Capturar instâncias onde os dados de voo excedem os limites definidos, ajudando a priorizar os riscos com base na frequência e gravidade.
- **Identificação de perigos**: Identificar perigos específicos, tais como aproximações instáveis ou desempenho anormal do motor, que possam aumentar a probabilidade de incidentes de segurança.

2.3 Melhoria contínua e gestão da segurança

O FDM é uma pedra angular da **melhoria contínua** no âmbito do SMS de um operador. Ao fornecer um feedback contínuo e baseado em dados, a FDM facilita a identificação de tendências ao longo do tempo, apoiando um ciclo de feedback que reforça a cultura de segurança.

- **Análise de tendências**: Analisar tendências de longo prazo em voos e frotas, identificando problemas recorrentes que possam exigir ajustes processuais ou operacionais.
- **Planos de Ação Corretiva**: Permitir acções corretivas baseadas em dados, assegurando que as medidas de segurança não se baseiam em observações subjectivas, mas são apoiadas por dados objectivos.
- **Alterações operacionais**: Introduzir alterações políticas e processuais quando são identificadas excedências recorrentes, tais como ajustamentos nos programas de formação ou trajectórias de aproximação normalizadas para pistas específicas.

2.4 Mitigação proactiva de riscos e prevenção de incidentes

O FDM permite **uma mitigação proactiva do risco**, permitindo aos operadores antecipar potenciais problemas antes de estes se tornarem incidentes de segurança. Ao tirar partido dos dados recolhidos através da FDM, os operadores podem evitar incidentes através de estratégias de gestão de risco direcionadas.

- **Sistema de alerta precoce**: O FDM actua como um sistema de alerta precoce, identificando potenciais riscos antes que estes se agravem, dando aos operadores a oportunidade de implementar medidas preventivas.

- **Formação preventiva e afetação de recursos**: Utilizar as informações do FDM para adaptar os programas de formação, concentrando-se nas áreas em que as ultrapassagens ou os desvios são comuns.
- **Briefings para pilotos**: Fornecer instruções baseadas em dados às tripulações de voo sobre cenários de alto risco ou excedências comuns, equipando-as com as informações necessárias para gerir eficazmente os riscos potenciais.

2.5 Melhorar a eficiência operacional

Para além de melhorar a segurança, o FDM pode aumentar **a eficiência operacional** ao identificar áreas onde as operações de voo podem ser optimizadas.

- **Gestão de combustível**: Monitorizar o consumo de combustível e identificar formas de reduzir o consumo de combustível através da análise de parâmetros como o impulso do motor, configurações de flap e velocidades de cruzeiro.
- **Otimização da manutenção**: Ao monitorizar as tendências no estado do motor e no desempenho do sistema, os operadores podem utilizar os dados FDM para programar uma manutenção proactiva, minimizando o tempo de inatividade não programado.
- **Redução de custos**: As eficiências operacionais obtidas através do FDM contribuem para a redução de custos, uma vez que as rotas optimizadas, a redução do consumo de combustível e uma melhor programação da manutenção reduzem os custos operacionais.

2.6 Apoiar uma cultura justa

Uma cultura justa promove um ambiente de confiança e abertura, em que os membros da tripulação se sentem seguros para comunicar preocupações de segurança sem receio de acções disciplinares. A FDM apoia esta cultura através de um controlo não punitivo:

- **Coleta de dados não punitiva**: Enfatize que o FDM é usado para melhorar a segurança e não para fins punitivos, o que ajuda a incentivar o feedback honesto dos membros da tripulação.

- **Anonimização de dados**: Manter o anonimato ao analisar os dados, assegurando que o desempenho individual não é escrutinado, a menos que seja necessário, reforçando a confiança no sistema.

SECÇÃO - 03

DESCRIÇÃO DE UM SISTEMA FDM TÍPICO

3. Descrição de um sistema FDM típico

Um sistema FDM típico é uma estrutura multicomponente concebida para captar, transferir e analisar dados em voo, assegurando uma monitorização abrangente e uma gestão proactiva da segurança. Cada componente funciona em conjunto para fornecer uma imagem operacional clara que ajuda na tomada de decisões e no reforço da segurança.

3.1 Aquisição de dados

• **Unidade de Aquisição de Dados de Vôo (FDAU)**: Central para um sistema FDM, a FDAU é responsável pela recolha de dados dos vários sensores e sistemas da aeronave. Estes dados incluem parâmetros de voo, desempenho do motor, condições ambientais e estado do sistema.
• **Parâmetros monitorizados**: Os principais parâmetros incluem altitude, velocidade, rumo, taxa de subida/descida, indicadores de desempenho do motor e posições da superfície de controlo. As configurações personalizadas permitem a monitorização de parâmetros específicos relevantes para as necessidades operacionais da companhia aérea.
• **Gravador de acesso rápido (QAR)**: O QAR é especificamente optimizado para utilização rotineira de FDM, tornando a recuperação de dados mais fácil e mais rápida do que os gravadores protegidos contra falhas. Estes dispositivos registam normalmente centenas de parâmetros por segundo, capturando dados críticos que permitem aos programas FDM avaliar o desempenho operacional.

3.2 Armazenamento e transmissão de dados

• **Protocolos de transmissão de dados**: Após cada voo, os dados do QAR podem ser recuperados através de vários métodos. Os sistemas de transmissão de dados sem fios são cada vez mais populares, permitindo que os dados sejam descarregados remotamente sem interação física, poupando assim tempo e minimizando erros.

• **Políticas de retenção de dados**: A maioria dos sistemas FDM armazena dados de voo por um período predefinido, permitindo a análise histórica. A retenção de dados é geralmente baseada em requisitos regulamentares ou políticas organizacionais para análise de tendências, investigações e verificações de conformidade.

• **Segurança dos dados**: A integridade e a confidencialidade dos dados são fundamentais. Os operadores implementam controlos rigorosos de acesso aos dados e protocolos de encriptação para garantir que os dados operacionais sensíveis permanecem seguros.

3.3 Sistemas de análise de dados com base no solo

Depois de os dados serem recolhidos e transferidos, são processados através de software de análise especializado. Este software permite aos operadores interpretar conjuntos de dados complexos, identificar tendências e assinalar excedências operacionais.

• **Descodificação e pré-processamento dos dados**: A primeira fase da análise envolve a descodificação e o pré-processamento. Os dados em bruto são convertidos num formato legível, sendo o ruído e os dados redundantes removidos para garantir uma análise de alta qualidade.

• **Módulos de análise de software**: O software de análise inclui frequentemente vários módulos:

o **Análise de tendências**: Acompanha os parâmetros ao longo do tempo para identificar alterações no desempenho operacional.

o **Deteção de eventos**: Assinala excedências ou ocorrências anómalas, tais como desvios de altitude ou ângulos de inclinação excessivos.

o **Análise estatística**: Utiliza ferramentas estatísticas para avaliar a distribuição de parâmetros, a variabilidade e identificar valores anómalos.

• **Ferramentas de visualização**: Interfaces gráficas, como gráficos e mapas de calor, são usadas para visualizar padrões de dados. Esta visualização ajuda os gestores e analistas de segurança a compreender as relações complexas entre os parâmetros de voo e a identificar potenciais factores de risco.

3.4 Deteção de eventos e relatórios de ultrapassagem

Um aspeto crucial de um sistema FDM é a sua capacidade de detetar excedências - situações em que parâmetros específicos ultrapassam os limites de segurança estabelecidos.

- **Definição de critérios de excedência**: Cada companhia aérea estabelece os seus próprios critérios para o que constitui uma ultrapassagem com base nos SOPs e nas diretrizes regulamentares. Exemplos comuns incluem taxas de descida excessivas, ângulos de inclinação elevados ou excessos de velocidade perto do nível do solo.
- **Classificação de Eventos**: As ultrapassagens são classificadas com base na gravidade, frequência e fase de voo (por exemplo, descolagem, cruzeiro, aterragem). Estas classificações ajudam a dar prioridade aos eventos para investigação posterior.
- **Alertas automatizados**: Os sistemas avançados de FDM podem gerar alertas automáticos para excedências de alta prioridade, garantindo que os eventos críticos sejam tratados imediatamente.

3.5 Mecanismo de feedback e fluxo de informação

Uma vez analisadas, as conclusões do FDM são divulgadas através da organização. Uma comunicação eficaz assegura que todos os departamentos relevantes são informados dos potenciais riscos, permitindo acções coordenadas.

- **Comunicação departamental**: Os departamentos de segurança, operações de voo e manutenção recebem relatórios regulares, permitindo que cada equipa trate dos problemas identificados específicos do seu domínio.
- **Acções Corretivas e Medidas Preventivas**: Com base nos conhecimentos da FDM, são implementadas acções corretivas - tais como atualização de formação, alterações de procedimentos ou ajustes de equipamento. São introduzidas

medidas preventivas para reduzir a probabilidade de ocorrências semelhantes no futuro.

3.6 Controlo e melhoria contínuos

A FDM não é um processo único, mas um ciclo contínuo que apoia a melhoria operacional permanente:

• **Monitorização de tendências**: O acompanhamento a longo prazo dos parâmetros operacionais ajuda a detetar tendências emergentes que podem não ser evidentes em eventos isolados. A monitorização contínua informa a estratégia de segurança mais alargada de uma organização.

• **Ajustes orientados por dados**: As informações obtidas com a FDM permitem ajustes orientados por dados nas políticas operacionais e nos programas de formação, garantindo uma resposta adaptativa ao cenário de segurança em constante evolução.

SECÇÃO - 04

INTEGRAÇÃO DO FDM NO SISTEMA DE GESTÃO DA SEGURANÇA (SMS)

4. Integração do FDM no sistema de gestão da segurança (SMS)

A Monitorização de Dados de Voo (FDM) desempenha um papel crucial no âmbito do Sistema de Gestão da Segurança (SMS) de um operador. Ao integrar dados quantitativos sobre as operações de voo, a FDM reforça a capacidade do SMS para identificar e gerir os riscos de forma proactiva. Os processos estruturados no âmbito do SMS beneficiam das informações baseadas em dados do FDM, enquanto o FDM se baseia no SMS para estabelecer uma cultura justa e protocolos claros para a utilização de dados e acções de acompanhamento.

4.1 Tomada de decisões com base em dados

Os dados do FDM apoiam diretamente o SMS, fornecendo informações baseadas em provas sobre as áreas de risco. Isto ajuda os gestores de segurança e os decisores a dar prioridade aos riscos com base em informações objectivas, em vez de se basearem apenas em avaliações subjectivas.

- **Priorização de riscos**: O FDM identifica áreas de alto risco, permitindo que o SMS concentre esforços
onde são mais necessários.
- **Ajustes em tempo real**: Os dados operacionais do FDM podem ser utilizados para efetuar ajustamentos em tempo real para mitigar riscos potenciais.

4.2 Cultura de denúncia não punitiva

Para que o FDM seja eficaz, deve funcionar no âmbito de uma **cultura justa**, que é fundamental para qualquer SMS. Um ambiente não punitivo incentiva os pilotos e os membros da tripulação a comunicarem e a actuarem com base nos dados do FDM sem receio de uma ação disciplinar.

- **Incentivar a comunicação**: Assegura que os dados são exaustivos, uma vez que é mais provável que o pessoal comunique incidentes ou pontos de dados.
- **Proteção da integridade dos dados**: Com uma política não punitiva, é mais provável que os dados reflictam preocupações honestas de desempenho e segurança, ajudando o SMS a obter um perfil de risco mais claro.

4.3 Gestão proactiva do risco

A integração dos dados do FDM no SMS permite a adoção de medidas de segurança proactivas. O SMS utiliza as informações do FDM para prever e atenuar os riscos antes de estes conduzirem a incidentes, transformando os dados operacionais em acções preventivas.

- **Análise preditiva**: Os dados FDM permitem uma análise de tendências que pode prever riscos potenciais.
- **Coordenação interdepartamental**: Os dados do FDM podem ser partilhados entre departamentos (por exemplo, operações, manutenção) para uma mitigação colaborativa dos riscos.

4.4 Mecanismos de feedback no âmbito dos SMS

O papel do FDM no âmbito do SMS estende-se a ciclos contínuos de feedback que informam as melhorias de segurança em todos os departamentos operacionais. Os mecanismos de feedback garantem que os conhecimentos do FDM chegam prontamente às partes interessadas relevantes.

- **Acções corretivas**: As informações do FDM destacam as áreas que necessitam de melhorias, orientando acções corretivas atempadas.
- **Monitorização e revisão contínuas**: O SMS utiliza os dados do FDM para avaliações recorrentes, adaptando os protocolos conforme necessário.

4.5 Responsabilidade e documentação

No âmbito de um SGS, a FDM estabelece a responsabilidade pelas acções de segurança, assegurando o acompanhamento dos riscos identificados.

- **Atribuição de funções**: A responsabilidade por cada risco identificado é atribuída a departamentos ou pessoal específicos.
- **Documentação**: Os protocolos SMS exigem que todos os dados FDM e as acções resultantes sejam documentados para fins de conformidade regulamentar e referência futura.

SECÇÃO - 05

TECNOLOGIAS FDM E SISTEMAS DE AQUISIÇÃO DE DADOS

5. Tecnologias FDM e sistemas de aquisição de dados

A implementação de um sistema eficaz de Monitoramento de Dados de Vôo (FDM) requer o uso de várias tecnologias de aquisição e análise de dados. Esta secção cobre as tecnologias primárias usadas em FDM, enfatizando suas funcionalidades e papéis dentro de um programa típico de FDM.

5.1. Unidades de aquisição de dados de voo (FDAU)

A **Unidade de Aquisição de Dados de Voo (FDAU)** é um componente crítico do sistema FDM. Reúne dados dos sistemas e sensores da aeronave, servindo como dispositivo central para a recolha de dados em voo.

- **5.1.1. Papel e funcionalidade**: A FDAU recolhe parâmetros de múltiplos sistemas da aeronave, incluindo a velocidade do ar, a altitude, o desempenho do motor e as posições dos comandos de voo, alimentando-os em dispositivos de registo.
- **5.1.2. Integração**: Posicionada no compartimento de aviónica, a FDAU integra O sistema de navegação é integrado na aviónica da aeronave para assegurar a captação de dados em tempo real.

5.2. Sistemas de registo de dados

O registo de dados é fundamental para o FDM, garantindo que os dados recolhidos em voo são armazenados de forma segura para análise pós-voo. Existem dois tipos principais de registadores nos sistemas FDM: **Os gravadores protegidos contra colisões (DFDR)** e **os gravadores de acesso rápido (QAR)**.

• **5.2.1. Gravador de dados de voo protegido contra acidentes (DFDR)**: Os DFDRs são essenciais para a investigação de acidentes. São revestidos de material resistente a colisões, o que lhes permite suportar condições extremas, incluindo forças de impacto e fogo.

o **5.2.1.1. Limitações para os** DFDR: Embora os DFDR sejam altamente duráveis, o seu acesso para análise de rotina pode ser restrito devido ao seu invólucro seguro e à sua utilização para investigação pós-incidente.

o **5.2.1.2. Conformidade regulamentar**: Os DFDRs são regulados por normas internacionais, garantindo que os dados estejam disponíveis após o incidente para avaliações legais e regulamentares.

• **5.2.2. Gravador de acesso rápido (QAR)**: Os QAR foram concebidos para proporcionar um acesso fácil aos dados de voo, permitindo às companhias aéreas descarregar e rever regularmente os dados operacionais sem afetar o DFDR.

o **5.2.2.1. Acessibilidade**: Posicionados de forma a facilitar o acesso, os QAR oferecem uma solução prática para a FDM de rotina sem afetar as operações regulares.

o **5.2.2.2. Capacidade e frequência dos dados**: Os QAR têm geralmente maior capacidade de armazenamento, permitindo às companhias aéreas registar dados de voo pormenorizados com maior frequência.

o **5.2.2.3. Benefícios operacionais**: Os QAR permitem que os dados sejam descarregados com maior frequência, garantindo uma análise mais atempada e a identificação de tendências para efeitos de FDM.

5.3. Tecnologias de transferência de dados sem fios

Com os avanços na tecnologia da aviação, a transferência de dados sem fios tornou-se uma parte integrante do FDM. Proporciona uma forma mais eficiente e fiável de transmitir dados de voo da aeronave para os sistemas em terra.

• **5.3.1. Sistemas baseados em Wi-Fi e telemóvel**: Os sistemas de transferência de dados sem fios utilizam redes Wi-Fi ou celulares para transmitir dados do QAR para os servidores em terra.

o **5.3.1.1. Transferência de dados em tempo real**: Alguns sistemas permitem a transferência de dados em tempo real ou quase em tempo real, permitindo às equipas de segurança monitorizar parâmetros específicos durante o voo.

- **5.3.1.2. Redução do tempo de execução**: Ao eliminar a necessidade de descarregamento manual de dados, os sistemas sem fios reduzem o tempo entre a aquisição e a análise dos dados.

• **5.3.2. Transferência automatizada de dados de voo (AFDT)**: Os sistemas AFDT são um passo adiante na automação, oferecendo uma transferência de dados contínua através de carregamentos programados.

- **5.3.2.1. Eficiência na gestão dos dados**: Os sistemas AFDT podem ser programados para transferir dados a intervalos regulares, automatizando os carregamentos de dados de rotina e garantindo a coerência.

- **5.3.2.2. Redução de erros humanos**: As transferências automatizadas reduzem o potencial de erro humano associado ao descarregamento manual de dados.

5.4. Soluções de segurança e armazenamento de dados

A segurança dos dados é fundamental no FDM, garantindo que os dados de voo permanecem protegidos contra o acesso não autorizado ou adulteração. Os protocolos de segurança devem ser robustos para manter a integridade e a confidencialidade dos dados FDM.

• **5.4.1. Armazenamento seguro de dados**: Os sistemas de armazenamento de dados em FDM devem cumprir normas de segurança rigorosas para evitar violações de dados.

- **5.4.1.1. Cifragem**: A cifragem dos dados, tanto na transmissão como no armazenamento, impede o acesso não autorizado.

- **5.4.1.2. Sistemas de armazenamento redundantes**: A utilização de sistemas redundantes de armazenamento de dados garante que nenhum dado seja perdido, mesmo em caso de falha do sistema.

• **5.4.2. Controlo do acesso**: A limitação do acesso aos dados do FDM é essencial para manter a integridade dos dados.

- **5.4.2.1. Controlo de acesso baseado em funções (RBAC)**: O RBAC restringe o acesso com base nas funções do utilizador, garantindo que apenas o pessoal autorizado pode aceder a dados sensíveis.

- **5.4.2.2. Pistas de auditoria**: A manutenção de pistas de auditoria garante a responsabilização e ajuda a controlar quem acede aos dados FDM e quando.

5.5. Software de análise de dados FDM

O coração de qualquer sistema FDM é o software de análise de dados, que processa os dados de voo para destacar eventos de segurança, tendências e riscos potenciais. Estes programas permitem que as companhias aéreas interpretem dados complexos de forma eficiente e eficaz.

- **5.5.1. Deteção de Excedência**: Os algoritmos de software detectam automaticamente as excedências - situações em que os parâmetros de voo ultrapassam os limites predefinidos.
  - **5.5.1.1. Alertas em tempo real**: Em alguns casos, o software pode gerar alertas em tempo real quando ocorrem excedências, permitindo uma investigação imediata.
  - **5.5.1.2. Análise pós-voo**: Os dados de ultrapassagem fornecem informações cruciais sobre eventos específicos, ajudando a identificar necessidades de procedimentos ou de formação.
- **5.5.2. Ferramentas de análise de tendências**: O software avançado incorpora a análise de tendências, que agrega dados ao longo do tempo para revelar padrões.
  - **5.5.2.1. Acompanhamento de tendências**: A monitorização das tendências nos dados de voo ajuda a identificar problemas recorrentes que podem indicar riscos sistémicos.
  - **5.5.2.2. Ferramentas de visualização**: Gráficos, quadros e outras visualizações permitem uma interpretação mais fácil de dados complexos.
- **5.5.3. Relatórios personalizáveis**: O software FDM permite aos operadores gerar relatórios personalizados com base em parâmetros selecionados, melhorando a capacidade de se concentrarem em áreas específicas.
  - **5.5.3.1. Relatórios departamentais**: Relatórios personalizados podem ser adaptados para diferentes departamentos, tais como operações de voo ou manutenção.
  - **5.5.3.2. Relatórios de conformidade**: Os relatórios específicos de conformidade cumprem os requisitos regulamentares para auditorias e

avaliações periódicas.

5.6. Tendências futuras na tecnologia FDM

O domínio da tecnologia FDM está em constante evolução, com novas ferramentas e sistemas que melhoram as capacidades de recolha e análise de dados.

- **5.6.1. Inteligência artificial (IA) e aprendizagem automática**: O software orientado para a IA pode prever problemas de manutenção, identificar riscos ocultos e automatizar a análise de dados.
  - **5.6.1.1. Análise preditiva**: A IA ajuda a prever potenciais necessidades de manutenção com base em tendências, permitindo um planeamento proactivo da manutenção.
  - **5.6.1.2. Deteção de anomalias**: Os modelos de aprendizagem automática podem reconhecer padrões invulgares nos dados que podem indicar riscos emergentes.
- **5.6.2. Cadeia de blocos para a integridade dos dados**: A tecnologia Blockchain oferece um método inviolável de registo de dados FDM, garantindo a autenticidade dos dados e melhorando a conformidade regulamentar.
  - **5.6.2.1. Proveniência dos dados**: A cadeia de blocos permite um registo seguro da origem dos dados, garantindo que todos os dados FDM são rastreáveis e autênticos.
  - **5.6.2.2. Segurança reforçada**: Com a verificação descentralizada, a tecnologia blockchain impede alterações não autorizadas nos dados FDM armazenados.

SECÇÃO - 06

PLANEAMENTO E IMPLEMENTAÇÃO DE UM PROGRAMA FDM

6. Planeamento e implementação de um programa FDM

A implementação de um sistema FDM é um processo abrangente que envolve várias etapas críticas para garantir um lançamento sem problemas, eficácia e compromisso sustentado em toda a organização.

6.1 Compromisso e adesão da gestão

O compromisso da direção é essencial para garantir recursos e estabelecer um sistema FDM como uma iniciativa estratégica na companhia aérea. O endosso do CEO e da alta administração dá o tom para priorizar a segurança e alocar recursos de acordo. Isto também ajuda a promover uma cultura não punitiva e justa, que é vital para uma FDM eficaz.

6.2 Desenvolvimento de objectivos e metas claros

A definição de objectivos claros ajuda a garantir que o programa FDM tem resultados mensuráveis. Os objectivos podem incluir:

- Minimizar os desvios (por exemplo, excessos de velocidade, aterragens forçadas).
- Reduzir a repetição de problemas operacionais semelhantes.
- Melhorar a adesão dos pilotos aos SOPs através de feedback. Estes objectivos devem ser alinhados com objectivos de segurança mais amplos no âmbito do sistema de gestão da segurança (SMS).

6.3 Criação de uma equipa FDM e funções

Uma equipa dedicada é crucial para um programa de FDM bem sucedido. As funções típicas de uma equipa de FDM podem incluir:

- **Analistas de dados**: Responsável pela interpretação dos dados e pela comunicação de tendências ou anomalias.

• **Responsáveis pela segurança**: Colaborar com as operações para garantir que as conclusões se traduzem em melhorias acionáveis.

• **Apoio informático/técnico**: Gere o armazenamento de dados, a recuperação e as actualizações de software para ferramentas de análise.

• **Responsáveis de ligação**: Coordenar entre departamentos para comunicar eficazmente os resultados e as medidas corretivas.

6.4 Seleção e configuração do sistema

A seleção do equipamento e software FDM adequados é fundamental para o sucesso do programa. Os factores a considerar incluem:

• **Compatibilidade de equipamentos**: Assegurar que os sistemas de registo de dados (como os QAR) são compatíveis com os sistemas existentes na aeronave.

• **Requisitos de software**: Escolha um software de análise com capacidades de análise de tendências, relatórios de excedência e representação gráfica de dados.

• **Opções de recuperação de dados sem fio ou manual**: Consoante a dimensão e os recursos da frota da companhia aérea, opte por protocolos de recuperação automática sem fios ou de descarregamento manual de dados.

6.5 Gestão e segurança dos dados

A segurança dos dados é fundamental para proteger as informações sensíveis e garantir a conformidade com as normas regulamentares.

• **Controlo de acesso**: Implementar o acesso baseado em funções para evitar o manuseamento não autorizado de dados.

• **Encriptação de dados**: Proteger os dados de voo sensíveis em armazenamento e trânsito para evitar fugas.

• **Política de retenção de dados**: Estabelecer políticas para o período de tempo durante o qual os dados FDM são armazenados e definir procedimentos para a eliminação segura dos dados.

6.6 Desenvolvimento de procedimentos e SOPs para FDM

São necessários SOPs claros para normalizar os processos de FDM em toda a organização. Estes procedimentos devem abranger:

- **Recolha e análise de dados**: Frequência de descarregamento de dados, critérios para análise de excedências e limiares de comunicação.
- **Revisão e acompanhamento de eventos**: Protocolos para análise de eventos, atribuição de responsabilidades e acompanhamento de acções corretivas.
- **Estrutura de comunicação**: Definir a forma como os relatórios FDM são escalados e comunicados aos departamentos relevantes.

6.7 Programas de formação e sensibilização

A formação é essencial para garantir que todas as pessoas envolvidas compreendam o seu papel na FDM:

- **Treinamento de pilotos**: Familiarizar os pilotos com os objectivos do FDM, a natureza não punitiva do programa e a forma como as conclusões do FDM são utilizadas para melhorar a segurança.
- **Formação técnica**: Fornecer aos analistas de dados e ao pessoal de TI formação sobre as ferramentas de software utilizadas no FDM.
- **Programas regulares de sensibilização**: Realizar seminários periódicos para atualizar todas as partes interessadas sobre os últimos desenvolvimentos e resultados da FDM.

6.8 Controlo e melhoria contínuos

Um programa FDM deve evoluir ao longo do tempo, com monitorização contínua e melhorias periódicas:

- **Revisões mensais ou trimestrais**: Rever regularmente o processo FDM, a qualidade dos dados e as técnicas de análise.

- **Auditoria e garantia de qualidade**: Conduzir auditorias internas para garantir que os processos FDM cumprem as normas regulamentares e organizacionais.
- **Circuitos de feedback**: Recolha de informações dos pilotos, operações e departamentos de segurança para melhorar os objectivos do FDM e aperfeiçoar os SOPs conforme necessário.

SECÇÃO - 07

ORGANIZAÇÃO E CONTROLO DA INFORMAÇÃO DO FDM

7. Organização e controlo da informação FDM

A organização e o controle eficazes das informações de FDM são fundamentais para maximizar os benefícios de segurança de um sistema de monitoramento de dados de vôo. Esta secção delineia os processos para gerir sistematicamente os dados FDM, assegurando consistência, acessibilidade e segurança entre departamentos.

7.1 Recolha de dados e coerência

A recolha consistente de dados é essencial para identificar tendências e apoiar uma análise fiável. Os principais elementos incluem:

- **Recuperação regular de dados**: Estabelecer um calendário para descarregar regularmente os dados do QAR ou de outros registadores, idealmente após cada voo ou dentro de um período de tempo especificado.
- **Padronização de parâmetros**: Assegurar que todos os parâmetros de dados registados são normalizados em todos os tipos de aeronaves, tornando a análise mais fácil e mais fiável.
- **Validação de dados**: Após cada transferência de dados, validar os dados para garantir a exatidão e identificar quaisquer anomalias que possam afetar a qualidade da análise.

7.2 Armazenamento de dados e controlo de acesso

O armazenamento eficaz dos dados e o controlo do acesso são essenciais para gerir os dados do FDM de forma segura e manter a integridade dos dados.

- **Armazenamento de dados**: Armazene os dados do FDM num local seguro e centralizado, acessível apenas a pessoal autorizado. Assegurar a redundância através da manutenção de soluções de armazenamento de backup.

• **Protocolos de controlo de acesso**: Utilizar controlos de acesso baseados em funções (RBAC) para limitar o acesso aos dados FDM com base nas funções dos utilizadores, assegurando que os dados sensíveis só estão disponíveis para aqueles que deles necessitam para análise.

• **Encriptação de dados**: Encriptação de dados FDM em trânsito e em repouso para proteção contra acesso não autorizado ou ameaças cibernéticas.

7.3 Comunicação interdepartamental e partilha de dados

Os dados dos programas FDM devem ser partilhados entre os departamentos relevantes para promover uma abordagem coordenada dos riscos identificados.

• **Briefings regulares**: Programar reuniões regulares interdepartamentais onde os dados do FDM são partilhados, especialmente com os departamentos de operações, manutenção e segurança.

• **Comunicação de incidentes**: Estabelecer linhas claras de comunicação para garantir que quaisquer conclusões críticas da análise da FDM sejam imediatamente comunicadas aos departamentos relevantes.

• **Mecanismo de** feedback: Implementar um mecanismo de feedback estruturado que permita aos departamentos darem o seu contributo para as conclusões do FDM e sugerir áreas de incidência para a futura recolha de dados.

7.4 Políticas de conservação de dados

As políticas de retenção de dados regem a duração do armazenamento de dados FDM e os critérios para a eliminação de dados.

• **Períodos de retenção**: Definir os períodos de retenção de dados de acordo com os requisitos regulamentares e as necessidades organizacionais. Normalmente, os dados relevantes para as tendências de segurança devem ser conservados durante mais tempo.

• **Processo de arquivo**: Arquivar os dados mais antigos que ainda são relevantes para a análise de tendências a longo prazo num local de armazenamento separado, tornando-os facilmente recuperáveis, se necessário.

- **Protocolo de eliminação**: Implementar um processo seguro e sistemático de eliminação de dados, garantindo que os dados são removidos de todos os locais de armazenamento quando já não são necessários.

7.5 Documentação e manutenção de registos

A documentação dos processos de FDM e a manutenção de registos são vitais para a transparência, a preparação para auditorias e a melhoria contínua.

- **Registo de eventos**: Registar todos os eventos identificados durante a análise FDM, incluindo os parâmetros, a hora e quaisquer acções de acompanhamento tomadas.
- **Relatórios de incidentes**: Manter registos pormenorizados de todos os incidentes comunicados através da FDM, incluindo a análise da causa principal e as medidas corretivas.
- **Pista de auditoria**: Mantenha uma pista de auditoria abrangente para todo o tratamento de dados, incluindo registos de acesso, modificação e eliminação de dados para cumprir os requisitos regulamentares.

7.6 Privacidade e conformidade dos dados

A proteção da privacidade dos dados e a garantia de conformidade com as normas legais e regulamentares são aspectos essenciais do controlo de dados FDM.

- **Anonimização dos dados**: Anonimizar os dados FDM sempre que possível, especialmente quando se partilham dados com entidades externas ou outros operadores.
- **Conformidade legal**: Rever regularmente as práticas de tratamento de dados para garantir a conformidade com os regulamentos locais e internacionais sobre privacidade de dados, como o RGPD.
- **Auditorias regulares**: Efetuar auditorias periódicas das práticas de gestão de dados do FDM para garantir a conformidade com os requisitos regulamentares e identificar áreas a melhorar.

SECÇÃO - 08

INTERPRETAÇÃO E UTILIZAÇÃO DAS INFORMAÇÕES DO FDM

8. Interpretação e utilização da informação FDM

Os dados FDM são mais valiosos quando analisados e interpretados de forma eficaz para gerar percepções de segurança acionáveis. Os processos de interpretação detalhados ajudam a traduzir os dados brutos numa compreensão clara dos riscos operacionais, fornecendo feedback crítico às operações de voo e às equipas de gestão da segurança.

8.1 **Excedência e identificação de eventos**

- **Deteção automática**: Os sistemas FDM sinalizam automaticamente as excedências - eventos em que os parâmetros de voo excedem os limites de segurança predefinidos. As excedências destacam os desvios dos SOPs ou dos limites de segurança.
- **Classificação de eventos**: Os eventos são categorizados com base na gravidade e frequência, permitindo aos gestores de segurança dar prioridade a acções de acompanhamento para excedências de maior risco.

8.2 **Validação e contextualização de dados**

- **Garantir a exatidão dos dados**: Os processos de validação confirmam que os dados foram capturados com exatidão, sem erros ou discrepâncias. Dados imprecisos podem levar a falsas ultrapassagens e a avaliações de risco ineficazes.
- **Análise contextual**: Os dados FDM devem ser interpretados em conjunto com informações contextuais, tais como condições meteorológicas, relatórios da tripulação ou registos de manutenção, para compreender por que razão ocorreram excedências específicas.

8.3 **Análise de tendências**

- **Identificação de tendências operacionais**: Os sistemas FDM registam as tendências a longo prazo do desempenho operacional, identificando problemas recorrentes, tais como tipos específicos de excessos que ocorrem frequentemente em voos ou frotas.
- **Comparação entre frotas**: As tendências podem ser analisadas com base no tipo de aeronave, permitindo a identificação de questões específicas da frota, tais como caraterísticas de desempenho particulares ou desafios recorrentes associados a um modelo.

8.4 **Análise da causa raiz**

- **Identificar as causas subjacentes**: Os excessos podem indicar questões mais profundas, tais como lacunas na formação, procedimentos inadequados ou problemas mecânicos. A análise da causa raiz investiga estes factores para evitar que se repitam.
- **Factores humanos**: A análise dos factores humanos envolvidos (por exemplo, fadiga, carga de trabalho) pode ajudar as organizações a compreender e a atenuar os padrões de comportamento que contribuem para o risco operacional.

8.5 **Ciclo de feedback para acções corretivas**

- **Relatórios departamentais**: Os dados FDM são partilhados com os departamentos relevantes, tais como segurança de voo, operações e manutenção, que são responsáveis pela implementação de acções corretivas.
- **Feedback do piloto**: Os pilotos são regularmente informados sobre as descobertas do FDM, especialmente se o seu vôo teve excessos. Isto promove a sensibilização e apoia a ação corretiva, criando um ciclo positivo de melhoria contínua.

8.6 **Incorporação de conhecimentos sobre FDM em SOPs e formação**

- **Refinamento dos PONs**: Com base nas tendências e causas identificadas, os PONs podem ser ajustados para resolver desvios comuns ou riscos operacionais. Esta adaptação contínua melhora a segurança e a eficiência.
- **Programas de formação direcionados**: Os dados do FDM informam a formação através da identificação de competências específicas ou áreas de conhecimento em que o desempenho da tripulação precisa de ser melhorado, conduzindo a iniciativas de reciclagem direcionadas.

8.7 **Documentação e relatórios**

- **Relatórios abrangentes**: As conclusões do FDM são documentadas em relatórios estruturados que destacam os tipos de excedência, tendências, acções corretivas e recomendações.
- **Requisitos de relatórios regulamentares**: Os dados FDM documentados são essenciais para a conformidade regulamentar, uma vez que demonstram medidas de segurança proactivas e o compromisso de monitorização contínua.

SECÇÃO - 09

MÉTODOS ESTATÍSTICOS E ANÁLISE EM FDM

9. Métodos estatísticos e análise em FDM

A análise estatística no FDM é uma abordagem estruturada para compreender o desempenho operacional e avaliar os riscos com base nos dados de voo. Envolve vários níveis de análise para obter informações acionáveis:

9.1 Estatísticas descritivas

- **Objetivo**: As estatísticas descritivas resumem grandes conjuntos de dados de voo, facilitando a compreensão de tendências, padrões e distribuições.
- **Exemplos de medidas descritivas**: Média, mediana, moda, amplitude, variância e desvio padrão de parâmetros como velocidade, altitude e ângulo de inclinação.
- **Aplicação**: Ajuda a estabelecer uma linha de base para as gamas operacionais normais, em relação às quais os desvios podem ser comparados.

9.2 Análise de tendências

- **Objetivo**: Identificar padrões consistentes ao longo do tempo, que possam indicar problemas operacionais subjacentes.
- **Tipos de tendências**: Tendências sazonais (por exemplo, relacionadas com o clima) e problemas recorrentes em determinados itinerários ou manobras.
- **Métodos utilizados**: Médias móveis e análise de séries temporais para destacar alterações graduais que possam sinalizar riscos de segurança.
- **Impacto**: Permite a identificação precoce de potenciais riscos de segurança antes que estes resultem em incidentes.

9.3 Análise de excedências

- **Definição**: As excedências referem-se aos casos em que os parâmetros de voo ultrapassam os limites de segurança pré-definidos.
- **Processo de análise**: Registo da frequência, duração e gravidade das excedências.
- **Exemplo**: Monitorização de ângulos de inclinação excessivos, taxas de descida ou variações de velocidade.
- **Benefícios**: A análise de ultrapassagem identifica eventos de alto risco e informa as ações corretivas para evitar a recorrência.

9.4 Modelos de avaliação de probabilidade e risco

- **Objetivo**: Avaliar a probabilidade de determinados eventos de risco com base em dados históricos.
- **Métodos comuns**:
  - **Funções de densidade de probabilidade (PDF)**: Estimar a probabilidade de ocorrência de parâmetros específicos.
  - **Matrizes de risco**: Combinam a probabilidade com a gravidade dos eventos para classificar os riscos.
- **Exemplo**: Cálculo da probabilidade de ocorrência de uma aproximação instável em determinados aeroportos ou em condições específicas.
- **Resultados**: Fornece uma base estruturada para priorizar as ações de mitigação de risco.

9.5 Teste de hipóteses

- **Objetivo**: Testar hipóteses sobre a segurança operacional com base em dados de voo.
- **Aplicação na FDM**: O teste de hipóteses pode ser utilizado para validar pressupostos, como por exemplo se uma intervenção de formação específica reduz as excedências.
- **Tipos de testes**: Testes de qui-quadrado, testes t e ANOVA para comparar

diferentes grupos ou condições operacionais.

- **Resultados**: Fornece provas estatisticamente significativas a favor ou contra iniciativas de segurança específicas.

9.6 Análise de regressão e modelação preditiva

- **Análise de regressão**: Identifica as relações entre variáveis, como a velocidade e a altitude, que podem afetar a segurança de voo.
- **Modelação Preditiva**: Utiliza dados históricos para prever potenciais eventos futuros ou cenários de risco.
- **Exemplo**: Os modelos preditivos podem prever a probabilidade de excedências em rotas específicas com base em factores como o tempo, a hora do dia ou a experiência do piloto.
- **Impacto**: A modelação preditiva ajuda na gestão proactiva da segurança, permitindo que os operadores reduzam os riscos antes de estes surgirem.

9.7 Técnicas de deteção de anomalias

- **Definição**: A deteção de anomalias envolve a identificação de pontos ou padrões de dados que não estão em conformidade com o comportamento esperado.
- **Métodos**: Técnicas como z-scores, clustering e algoritmos de aprendizagem automática podem assinalar anomalias.
- **Importância na FDM**: As anomalias podem indicar problemas de segurança imprevistos que a análise de excedência padrão pode não detetar.
- **Exemplo**: Picos súbitos em determinados parâmetros, tais como alterações bruscas de altitude sem uma causa operacional clara.
- **Vantagens**: Apoia investigações mais profundas e pode revelar riscos ocultos.

9.8 Benchmarking e análise comparativa

- **Objetivo**: A aferição compara o desempenho de um operador com o do sector normas ou outros operadores.
- **Aplicação**: Útil para compreender onde são necessárias melhorias e medir a eficácia das intervenções de segurança.
- **Exemplo**: Comparação das taxas de excedência para perfis de voo semelhantes em diferentes operadores.
- **Resultados**: A avaliação comparativa apoia a melhoria contínua através da definição de padrões de desempenho claros.

SECÇÃO - 10

FDM PARA PEQUENAS FROTAS E AVIAÇÃO DE NEGÓCIOS

10. FDM para pequenas frotas e aviação de negócios

A Monitorização de Dados de Voo (FDM) é crucial não só para as grandes companhias aéreas, mas também para os operadores de pequenas frotas e aviação executiva, onde as limitações de recursos apresentam desafios únicos. Apesar destas restrições, a implementação da FDM em operações mais pequenas pode oferecer benefícios significativos em termos de segurança e eficiência, permitindo aos operadores detetar potenciais perigos, melhorar a formação e garantir a conformidade com as normas regulamentares.

10.1 Desafios específicos das pequenas frotas e da aviação de negócios

Os operadores de pequenas frotas ou de jactos executivos enfrentam alguns obstáculos específicos na adoção do FDM:

- **Limitações de recursos**: Os operadores mais pequenos têm frequentemente orçamentos limitados, o que torna difícil investir nas tecnologias avançadas necessárias para sistemas FDM completos.
- **Restrições de pessoal**: Com equipas mais pequenas, pode não haver uma equipa dedicada à FDM ou à análise de dados, exigindo que os membros da equipa multifuncional tratem das tarefas da FDM para além das suas tarefas normais.
- **Complexidade operacional**: As pequenas frotas operam frequentemente numa variedade de ambientes com perfis de voo diversos, o que pode aumentar a complexidade da recolha e análise de dados FDM.
- **Variabilidade da composição da frota**: As frotas de aviação executiva são frequentemente compostas por vários tipos e modelos de aeronaves, exigindo sistemas FDM suficientemente flexíveis para acomodar diferentes especificações e parâmetros de dados.

10.2 Soluções FDM adaptadas para pequenas frotas

Para ultrapassar estes desafios, os operadores mais pequenos podem adotar uma abordagem simplificada à FDM que mantenha as funções essenciais de segurança e monitorização sem os elevados custos associados aos sistemas de grande escala.

- **Sistemas modulares de FDM**: Os sistemas modulares de FDM permitem que os operadores seleccionem apenas os componentes mais essenciais, adaptados às suas necessidades. Os operadores podem inicialmente implementar funcionalidades essenciais, como a monitorização de excedências, e adicionar gradualmente capacidades mais avançadas, como a análise de tendências, à medida que os recursos o permitam.
- **Soluções económicas de aquisição de dados**: Embora os gravadores de acesso rápido (QAR) sejam padrão nas frotas maiores, os pequenos operadores podem optar por alternativas de baixo custo, como os **dispositivos portáteis de armazenamento de dados (PDSD)**, que são compatíveis com os sistemas da aeronave e permitem uma fácil recuperação de dados.
- **Serviços de aluguer e de subscrição**: Alguns fornecedores de soluções FDM oferecem modelos de aluguer ou baseados em subscrição, permitindo que os pequenos operadores utilizem software e hardware FDM sem a despesa de capital inicial. Esta abordagem proporciona flexibilidade e escalabilidade, permitindo actualizações à medida que as necessidades de FDM do operador aumentam.

10.3 Recursos comuns e modelos de colaboração

Uma solução eficaz para a aviação de negócios e para os operadores de pequenas frotas é colaborar com outros operadores, partilhando recursos e conhecimentos para tornar a FDM mais acessível.

- **Serviços de análise de dados em colaboração**: Vários grupos industriais e fornecedores terceiros de FDM oferecem serviços de análise colaborativa, em que os dados de vários pequenos operadores são analisados coletivamente. Esta abordagem não só reduz os custos individuais como também melhora a perceção dos dados através de tendências agregadas.

- **Plataformas FDM partilhadas**: Os grupos de aviação executiva ou as alianças de operadores regionais estabelecem por vezes plataformas FDM partilhadas, permitindo aos membros aceder e gerir dados FDM num sistema comum. Esta estrutura simplifica o processamento de dados e a elaboração de relatórios, reduzindo a carga de trabalho dos operadores individuais.
- **Fóruns e grupos de trabalho do sector**: Os pequenos operadores podem beneficiar da adesão a fóruns ou grupos de trabalho de FDM específicos da indústria, onde são partilhadas as melhores práticas, técnicas de análise de dados e soluções para desafios comuns. A participação nestes grupos pode fornecer informações sobre opções tecnológicas acessíveis e as últimas actualizações regulamentares.

10.4 Conformidade regulamentar para pequenas frotas

Embora os requisitos do FDM se destinem principalmente a operadores de maior dimensão, muitos organismos reguladores recomendam fortemente ou impõem algum nível de monitorização para as pequenas frotas, particularmente para determinadas operações de voo. Os operadores de pequenas frotas devem considerar estas recomendações regulamentares como parte do seu compromisso com a segurança e a conformidade:

- **Cultura de segurança proactiva**: Mesmo sem um mandato regulamentar, os pequenos operadores beneficiam da incorporação da FDM como parte do seu Sistema de Gestão da Segurança (SMS), promovendo uma cultura de segurança proactiva.
- **Relatórios FDM simplificados**: Os organismos reguladores permitem frequentemente relatórios FDM simplificados para pequenos operadores, permitindo uma monitorização essencial sem estruturas de dados complexas. Os pequenos operadores podem rever periodicamente os parâmetros críticos de voo e apresentar relatórios sobre métricas de segurança utilizando modelos FDM em escala reduzida.
- **Alinhamento com as normas do sector**: Ao alinhar as práticas de FDM com

as normas do sector, como o Anexo 6 da ICAO, os pequenos operadores reforçam os seus compromissos de segurança, garantindo a confiança dos clientes e a integridade operacional.

10.5 Caso de negócio para FDM em pequenas frotas

As vantagens do FDM para as pequenas frotas vão para além da conformidade regulamentar e das melhorias de segurança, oferecendo também ganhos financeiros e operacionais.

- **Eficiência operacional**: Ao analisar os dados de desempenho de voo, os operadores podem identificar áreas para poupança de combustível, otimizar trajectórias de voo e reduzir o desgaste dos componentes da aeronave. Estas eficiências conduzem a poupanças de custos e a um aumento da vida útil da aeronave, crucial para os operadores mais pequenos.

- **Confiança do cliente e competitividade no mercado**: Para a aviação de negócios, onde as expectativas dos clientes são elevadas, a demonstração de um programa FDM pode aumentar a confiança dos clientes e diferenciar os operadores num mercado competitivo. Os clientes estão cada vez mais conscientes das medidas de segurança e a existência de um programa FDM demonstra o compromisso de um operador com operações seguras.
- **Redução dos prémios de seguro**: Alguns fornecedores de seguros oferecem prémios reduzidos aos operadores com programas FDM implementados. Estas poupanças podem compensar os custos de implementação do FDM, tornando-o num investimento neutro em termos de custos ou mesmo num investimento que poupa custos ao longo do tempo.

10.6 Estratégia de aplicação para pequenas frotas

Para os pequenos operadores que pretendem implementar a FDM, uma abordagem faseada é frequentemente a mais prática:

1. **Definir as necessidades essenciais de monitorização**: Concentrar-se inicialmente nos principais indicadores de segurança (por exemplo, parâmetros de

descolagem e aterragem, ultrapassagens de altitude, desempenho do motor) que representam os riscos mais elevados.

2. **Selecione uma solução acessível**: Escolha um software FDM que ofereça opções de personalização, permitindo que os operadores dêem prioridade aos campos de dados mais críticos sem o custo de um sistema completo.

3. **Estabelecer um processo de revisão**: Reveja regularmente os dados do FDM com uma pequena equipa multifuncional. Mesmo uma revisão trimestral pode destacar tendências operacionais e preocupações de segurança.

4. **Escalar gradualmente**: À medida que o FDM comprova o seu valor, expanda o âmbito do sistema, acrescentando parâmetros de monitorização adicionais ou aumentando a frequência da análise de dados.

Ao abordar a FDM de uma forma escalável e colaborativa, os operadores de pequenas frotas e da aviação de negócios podem aproveitar os benefícios da monitorização dos dados de segurança, trabalhando ao mesmo tempo dentro das suas limitações de recursos. Esta estratégia progressiva permite uma melhoria gradual, acabando por alcançar os benefícios operacionais associados a sistemas FDM maiores e totalmente equipados.

SECÇÃO - 11

MONITORIZAÇÃO DOS DADOS DE VOO DOS HELICÓPTEROS (HFDM)

11. Monitorização de dados de voo de helicópteros (HFDM)

A Monitorização de Dados de Voo de Helicópteros (HFDM) adapta os princípios tradicionais de FDM para operações de helicópteros, abordando exigências e ambientes operacionais únicos. O HFDM concentra-se na segurança operacional em ambientes de alto risco, frequentemente de baixa altitude e em áreas confinadas, específicos para helicópteros. A Autoridade de Aviação Civil do Reino Unido (CAA) desenvolveu diretrizes adaptadas ao HFDM, reconhecendo os desafios únicos associados às operações de helicópteros.

11.1 **Desafios únicos das operações com helicópteros**:

- **Perfis de voo**: Os helicópteros operam frequentemente a altitudes mais baixas e em espaços confinados, criando riscos de segurança únicos que devem ser monitorizados.
- **Ambientes operacionais**: Os helicópteros são frequentemente utilizados em zonas montanhosas, plataformas offshore e zonas urbanas densamente povoadas, exigindo um controlo rigoroso da conformidade com a segurança.
- **Complexidades mecânicas e de rotação**: Os helicópteros têm elementos mecânicos distintos, como as pás do rotor, que são altamente sensíveis ao desgaste e ao stress, exigindo assim uma monitorização especializada.

11.2 **Métricas especializadas em HFDM**:

- **Velocidade do rotor e binário do motor**: Parâmetros essenciais para sistemas HFDM que estão diretamente relacionados com a elevação e o desempenho do helicóptero.
- **Taxa de descida vertical**: Os sistemas HFDM monitorizam as taxas de descida para evitar potenciais aterragens forçadas, especialmente em operações em áreas confinadas.

• **Estado do motor e vibração**: Os sistemas HFDM são frequentemente integrados com sensores para monitorização em tempo real do estado do motor e dos níveis de vibração, essenciais para o funcionamento seguro e a longevidade dos componentes do helicóptero.

11.3 **Recolha e análise de dados HFDM**:

• **Monitorização e alertas em tempo real**: Muitos sistemas HFDM estão equipados para alertas em tempo real, permitindo uma resposta imediata a excedências críticas.

• **Análise de dados de rotina**: A análise regular de dados identifica tendências, permitindo aos operadores gerir o desgaste e evitar falhas antes que estas conduzam a incidentes.

• **Mecanismos de feedback**: Os dados são transmitidos aos pilotos, às equipas de apoio em terra e ao pessoal de manutenção para uma resposta rápida a potenciais problemas.

11.4 **HFDM em operações de alto risco**:

• **Operações Offshore**: O HFDM desempenha um papel vital na monitorização de voos para plataformas offshore, onde as condições climatéricas e marítimas difíceis aumentam os riscos operacionais.

• **Serviços Médicos de Emergência (EMS)**: O HFDM garante a segurança operacional em missões EMS, em que os helicópteros têm de operar em condições exigentes, incluindo condições meteorológicas adversas e zonas de aterragem apertadas.

11.5 **Iniciativas HFDM da CAA do Reino Unido**:

• **Diretrizes e investigação**: A CAA do Reino Unido efectuou investigação e emitiu orientações para apoiar a implementação do HFDM, garantindo que os operadores têm acesso às melhores práticas e ferramentas de análise de dados.

• **Colaboração com o sector**: A CAA trabalha com os operadores de helicópteros para aperfeiçoar os sistemas HFDM, incorporando as lições aprendidas em operações reais para melhorar as normas de segurança.

SECÇÃO - 12

FÓRUNS NACIONAIS DO FDM E ENVOLVIMENTO DAS PARTES INTERESSADAS

12. Fóruns nacionais do FDM e envolvimento das partes interessadas

12.1 Panorama dos fóruns nacionais de FDM

Os fóruns nacionais de FDM são iniciativas lideradas pelo sector que reúnem partes interessadas de companhias aéreas, organismos reguladores, fabricantes e fornecedores de serviços de FDM. O objetivo destes fóruns é criar uma plataforma de colaboração onde sejam partilhadas as melhores práticas, os avanços tecnológicos e os desafios na implementação do FDM. Estes fóruns permitem a divulgação dos mais recentes conhecimentos sobre segurança e promovem a utilização do FDM como uma ferramenta de segurança proactiva.

12.2 Objectivos dos fóruns FDM

- **Partilha de conhecimentos**: Os fóruns facilitam a troca de conhecimentos, permitindo que os participantes aprendam sobre as tendências emergentes, os desafios operacionais e as soluções em matéria de FDM.
- **Desenvolvimento de melhores práticas**: Ao reunir conhecimentos de várias fontes, os fóruns ajudam a estabelecer normas e melhores práticas do sector.
- **Fomentar a inovação**: Os fóruns proporcionam um ambiente onde podem ser introduzidas novas ideias e tecnologias, permitindo aos participantes adotar práticas de segurança mais eficazes.

12.3 Funções das partes interessadas nos fóruns FDM

- **Companhias aéreas**: Partilhar experiências do mundo real e dados operacionais, contribuindo para a eficácia do programa FDM.
- **Autoridades reguladoras**: Fornecer orientações sobre os requisitos de conformidade e assegurar que as práticas de FDM estão em conformidade com

os regulamentos de segurança.

• **Fabricantes**: Oferecer conhecimentos técnicos especializados sobre o equipamento FDM, garantindo a
a compatibilidade e a eficácia do sistema.

• **Prestadores de serviços FDM**: Apresentar novas ferramentas e soluções de software, mostrando inovações na análise de dados e na elaboração de relatórios.

12.4 Investigação e desenvolvimento em colaboração

Os fóruns nacionais de FDM apoiam frequentemente projectos de investigação em colaboração que se centram em áreas específicas da FDM, como a FDM de helicópteros ou os desafios dos pequenos operadores. Ao partilharem os custos e os recursos necessários para a I&D, os fóruns facilitam o acesso a novas tecnologias e metodologias que os operadores individuais não podem suportar de forma independente.

12.5 Vantagens dos fóruns FDM

• **Cultura de segurança reforçada**: Ao promover discussões transparentes sobre segurança e partilha de dados, os fóruns incentivam uma cultura de segurança mais forte.

• **Conformidade regulamentar**: Os fóruns ajudam a garantir que os operadores se mantêm actualizados sobre as alterações regulamentares, reduzindo os riscos de conformidade.

• **Melhoria contínua**: Os fóruns permitem a melhoria contínua das práticas de FDM à medida que as normas do sector evoluem.

12.6 Estudos de caso e histórias de sucesso

Os fóruns apresentam frequentemente estudos de caso e histórias de sucesso que destacam os benefícios práticos da FDM. Estes exemplos da vida real fornecem aos participantes provas tangíveis do impacto da FDM na segurança e eficiência operacional, encorajando uma maior adoção das melhores práticas.

SECÇÃO - 13

UTILIZAÇÃO DE FDM EM PROGRAMAS DE FORMAÇÃO E QUALIFICAÇÃO (ATQP)

13. Utilização de FDM em programas de formação e qualificação (ATQP)

Os dados de Monitorização de Dados de Voo (FDM) são parte integrante dos **Programas Alternativos de Formação e Qualificação (ATQP**). O ATQP é um programa de formação baseado em competências que aproveita os dados operacionais para otimizar e adaptar os métodos de formação. Ao utilizar os dados FDM, os operadores podem aumentar a eficácia da sua formação, visando áreas específicas de melhoria, acompanhando o desempenho da tripulação e adaptando os programas de formação com base no feedback operacional em tempo real.

13.1 Objetivo da integração do FDM no ATQP

O objetivo da integração do FDM no ATQP é criar uma abordagem à formação baseada em dados que aborde as operações de voo reais em vez de cenários teóricos. O FDM fornece dados objectivos e quantificáveis sobre o desempenho da tripulação e as práticas operacionais, ajudando a identificar as necessidades de formação e garantindo que a formação está alinhada com as operações do mundo real.

- **Percepções baseadas em dados**: O FDM fornece informações detalhadas sobre as tendências de desempenho, tais como excedentes ou desvios recorrentes, que podem orientar o conteúdo da formação.
- **Formação direcionada**: Ao identificar áreas específicas em que os membros da tripulação se desviam frequentemente dos PONs, o ATQP pode concentrar-se numa formação prática, baseada em cenários, que aborde diretamente essas áreas.
- **Melhoria contínua**: Os dados FDM suportam um ciclo de feedback no ATQP, assegurando que a formação evolui com base no feedback operacional em

tempo real, promovendo uma cultura de melhoria contínua.

13.2 Principais vantagens do FDM no ATQP

A integração do FDM no ATQP proporciona inúmeras vantagens que contribuem para melhorar a segurança e a eficiência operacional:

1. **Programas de formação personalizados**:
   - Os dados do FDM ajudam a adaptar os módulos de formação para resolver pontos fracos específicos, tais como desvios operacionais comuns ou tratamento de fases de voo críticas.
   - Ao personalizar a formação, os operadores podem maximizar a eficiência dos recursos, assegurando que o tempo de formação é gasto a dar resposta às necessidades mais prementes.
2. **Acompanhamento do desempenho**:
   - O FDM permite o acompanhamento do desempenho individual da equipa ao longo do tempo, permitindo um treino personalizado e o desenvolvimento de competências.
   - O acompanhamento do desempenho garante que quaisquer lacunas de conhecimentos ou competências sejam identificadas prontamente e que seja ministrada formação corretiva.
3. **Avaliação da eficácia da formação**:
   - A análise FDM pós-formação ajuda a avaliar a eficácia do ATQP. As melhorias em métricas operacionais específicas podem confirmar se a formação está a abordar com êxito as áreas visadas.
   - Esta avaliação permite o aperfeiçoamento contínuo do currículo ATQP com base em dados operacionais e feedback de eventos de voo reais.

13.3 Como os dados FDM melhoram a formação baseada em competências

A formação baseada em competências no âmbito do ATQP foi concebida para garantir que os membros da tripulação possam demonstrar proficiência em várias tarefas operacionais. O FDM desempenha um papel fundamental na formação baseada em competências, destacando as áreas de risco e as lacunas de competências que requerem reforço.

1. **Identificação de requisitos baseados em competências**:
   - Os dados FDM destacam as competências que podem necessitar de mais atenção. Por exemplo, a repetição de velocidades de aproximação elevadas pode indicar a necessidade de formação adicional em gestão de descidas e aproximações.
   - Podem ser desenvolvidos módulos de formação específicos para se centrarem nestes requisitos de competências identificados, assegurando a competência em áreas críticas.
2. **Simulação de cenários da vida real**:
   - Utilizando os conhecimentos do FDM, os operadores podem recriar cenários que reflectem os desafios operacionais reais enfrentados pela tripulação. Esta abordagem permite que os pilotos pratiquem respostas a situações que provavelmente enfrentarão em operações reais.
   - A formação baseada em cenários melhora a retenção ao tornar a formação relevante e
diretamente aplicáveis às experiências diárias da tripulação.
3. **Manutenção de proficiência**:
   - A utilização regular dos dados FDM permite aos operadores avaliar se os membros da tripulação mantêm a proficiência ao longo do tempo. Se determinadas competências mostrarem sinais de deterioração, pode ser programada uma formação de atualização no âmbito do ATQP.
   - Ao manterem níveis de competências consistentes, os operadores ajudam a evitar desvios de desempenho e a garantir a segurança operacional.

13.4 Utilização do FDM para avaliar as competências de gestão dos recursos da tripulação (CRM)

A gestão dos recursos da tripulação (CRM) centra-se em competências interpessoais como a comunicação, a tomada de decisões e o trabalho em equipa. Os dados FDM fornecem informações únicas sobre o desempenho da

CRM, avaliando a forma como as tripulações lidam com situações específicas durante o voo.

1. **Comunicação e tomada de decisões**:

o Os dados FDM podem destacar os casos em que a comunicação ou a tomada de decisões podem ter sido subóptimas, como durante as fases de voo de elevado stress ou de tempo crítico.

o O ATQP pode então incorporar estas conclusões nas sessões de formação em CRM, reforçando as boas práticas de comunicação e as técnicas eficazes de tomada de decisões.

2. **Liderança e Seguimento**:

o Os dados do FDM também fornecem informações sobre a dinâmica da liderança, por exemplo, a forma como um capitão lidera e como o primeiro oficial reage em situações complexas.

o A observação dos elementos do CRM através da FDM ajuda os formadores a identificar os comportamentos que podem necessitar de reforço, apoiando tanto o desenvolvimento da liderança como o do acompanhamento.

3. **Gestão da fadiga no CRM**:

o Ao monitorizar as tendências dos desvios operacionais potencialmente relacionados com a fadiga, os dados do FDM podem informar a formação em gestão da fadiga no âmbito do ATQP.

o Os membros da tripulação aprendem estratégias práticas para gerir a fadiga, especialmente durante períodos de serviço prolongados ou voos de vários sectores.

13.5 Ciclo de feedback contínuo no ATQP utilizando FDM

Uma vantagem única do FDM no âmbito do ATQP é a sua capacidade de suportar um **ciclo de feedback contínuo**, garantindo que o conteúdo e as estratégias de formação evoluem com base em dados operacionais em tempo real.

1. **Incorporação de dados em tempo real**:

o Os dados do FDM podem ser introduzidos no ATQP quase em tempo real, permitindo aos operadores ajustar rapidamente os módulos de formação em resposta a tendências ou problemas emergentes.

o Esta agilidade permite à ATQP manter-se relevante e reactiva, abordando novos riscos operacionais à medida que estes surgem.

2. **Feedback para a tripulação**:

o Os dados FDM permitem um feedback individualizado aos membros da tripulação, mostrando-lhes as áreas a melhorar com base em dados de voo reais.

o O feedback regular fomenta uma cultura de responsabilidade e incentiva o auto-aperfeiçoamento entre os membros da tripulação.

3. **Aprendizagem organizacional**:

o Ao acompanhar a eficácia dos módulos ATQP ao longo do tempo, os dados FDM contribuem para a aprendizagem organizacional, assegurando que a formação está alinhada com as necessidades operacionais e os requisitos regulamentares.

o As organizações podem documentar a eficácia da formação, mostrando melhorias em métricas como a adesão aos SOP ou a redução das taxas de excedência, reforçando o impacto da integração do ATQP e do FDM.

13.6 Conformidade e alinhamento regulamentar

A utilização do FDM no ATQP também ajuda os operadores a alinharem-se com as expectativas regulamentares para programas de formação baseados em dados e competências:

1. **Demonstração do empenhamento na segurança**:

o As entidades reguladoras esperam que os operadores tenham programas de segurança sólidos que incluam formação contínua das tripulações com base em necessidades operacionais reais.

o A integração do FDM no ATQP demonstra o empenho de um operador em utilizar dados de segurança para informar a formação e manter elevados padrões de segurança.

2. **Alinhamento com as diretrizes da ICAO e da EASA**:

o Os programas ATQP integrados na FDM estão alinhados com as diretrizes regulamentares internacionais, assegurando que os operadores cumprem ou excedem os requisitos de formação baseada em competências.

o Este alinhamento reforça o quadro global de segurança do operador, melhorar a preparação para a auditoria e reforçar as relações regulamentares.

3. **Programas de formação orientados para o futuro**:

o Ao utilizar os dados do FDM, o ATQP torna-se adaptável a futuras alterações regulamentares, especialmente porque as autoridades favorecem cada vez mais a supervisão baseada em dados nas normas de formação.

o Os operadores estão em melhor posição para cumprir os novos regulamentos, especialmente os que se centram no desempenho da segurança e na eficácia da formação.

SECÇÃO - 14

QUADRO LEGISLATIVO E REQUISITOS DA FDM

14. Quadro legislativo e requisitos para o FDM

O quadro legislativo que rege a FDM varia consoante a região, com grandes influências de organismos internacionais e regulamentos nacionais. Segue-se uma análise aprofundada das principais normas regulamentares:

14.1 Normas da Organização da Aviação Civil Internacional (ICAO)

A Parte I do Anexo 6 da ICAO impõe a aplicação do FDM aos operadores de aeronaves de grande porte (especificamente aeronaves com mais de 27 toneladas) e recomenda-o para aeronaves com mais de 20 toneladas e helicópteros com mais de 7 toneladas.

- **Obrigatório para aeronaves de grande porte**: A ICAO exige que os operadores implementem o FDM para o transporte aéreo comercial que envolva aeronaves de grande porte. Este requisito tem como objetivo normalizar a supervisão da segurança a nível mundial.
- **Utilização e confidencialidade dos dados**: A ICAO enfatiza uma utilização não punitiva dos dados FDM no âmbito de uma cultura justa, protegendo a confidencialidade dos dados de voo.
- **Responsabilidade do operador**: A ICAO atribui aos operadores a responsabilidade de estabelecer programas de FDM adaptados às suas necessidades operacionais específicas, garantindo a relevância e a eficiência da monitorização e da resposta.

14.2 Regulamentos da União Europeia (EASA/EU-OPS)

A União Europeia, através da Agência Europeia para a Segurança da Aviação (EASA) e da EU-OPS, estabeleceu diretrizes sólidas em matéria de FDM.

• **EU-OPS Subparte E**: Este regulamento impõe a FDM aos operadores comerciais de aeronaves de grande porte, alinhando-se com as normas da ICAO e incorporando nuances regionais.
• **Supervisão da segurança**: A AESA supervisiona a conformidade dos operadores na Europa, efectuando auditorias e aplicando políticas de segurança nos Estados-Membros da UE.
• **Requisitos de confidencialidade e proteção dos dados**: A regulamentação da UE impõe controlos rigorosos sobre a confidencialidade dos dados, exigindo que os operadores tomem medidas para impedir o acesso não autorizado ou a utilização indevida de dados FDM.

14.3 Regulamentos dos Estados Unidos (FAA)

Embora a **Federal Aviation Administration (FAA)** não imponha a adoção de programas FDM, encoraja vivamente os operadores a adoptá-los voluntariamente.

• **Circulares consultivas**: A FAA publica circulares consultivas que fornecem orientações sobre a implementação voluntária do FDM para operadores sediados nos EUA, salientando a importância da gestão proactiva dos riscos.
• **Programas FOQA**. O programa de Garantia da Qualidade Operacional de Voo (FOQA) da FAA oferece um quadro semelhante ao FDM, incentivando as companhias aéreas a recolher e analisar dados de voo para melhorar a segurança.
• **Integração no SMS**: A FAA incentiva os operadores que utilizam o FOQA ou o FDM a integrarem estes programas no seu SMS, garantindo uma abordagem unificada da gestão do risco.

14.4 Requisitos de confidencialidade e proteção dos dados

Em todas as regiões, os dados do FDM devem ser tratados com estrita confidencialidade para proteger a privacidade e promover uma cultura de denúncia não punitiva.

• **Princípios de cultura justa**: Os quadros regulamentares sublinham a importância de utilizar os dados do FDM no âmbito de uma cultura justa, em que os pilotos e a tripulação possam comunicar sem receio de represálias.

• **Segurança dos dados**: Os operadores devem aplicar medidas técnicas para proteger os dados do FDM contra o acesso não autorizado, garantindo que apenas o pessoal designado possa aceder a informações sensíveis.

• **Protecções legais**: Nalgumas jurisdições, os dados do FDM estão legalmente protegidos contra a utilização em acções disciplinares ou processos de responsabilidade civil, promovendo um ambiente de comunicação seguro.

14.5 Verificação e auditorias de conformidade

Os organismos reguladores efectuam auditorias periódicas para verificar a conformidade com o FDM, garantindo que os operadores cumprem as normas obrigatórias.

• **Frequência da auditoria**: A maioria das regiões efectua auditorias anuais ou bienais para garantir o cumprimento contínuo do FDM e avaliar a eficácia das práticas do FDM.

• **Requisitos de documentação**: Os operadores são obrigados a manter uma documentação exaustiva dos dados, análises e acções corretivas do FDM, fornecendo provas de conformidade durante as auditorias.

• **Planos de ação corretiva**: Se as auditorias revelarem áreas de não conformidade, os operadores devem apresentar e executar planos de ação corretiva, documentando as melhorias e os ajustamentos aos seus sistemas FDM.

SECÇÃO - 15

CONSIDERAÇÕES JURÍDICAS SOBRE A CONFIDENCIALIDADE DOS DADOS DO FDM

15. Considerações jurídicas sobre a confidencialidade dos dados FDM

Garantir a confidencialidade e o tratamento adequado dos dados FDM é crucial para manter uma cultura de segurança positiva e cumprir as normas legais.

15.1 Confidencialidade dos dados e direitos de privacidade

- **Privacidade dos membros da tripulação**: Os sistemas FDM recolhem dados detalhados sobre as operações de voo, que por vezes podem envolver indiretamente acções dos membros da tripulação. A proteção da privacidade da tripulação assegura uma abordagem não punitiva, promovendo a participação aberta em programas de segurança.
- **Conformidade com os regulamentos de privacidade**: Os operadores devem cumprir as leis internacionais e regionais de proteção de dados, como o RGPD na Europa, para garantir que os dados da tripulação são utilizados de forma responsável e legal.

15.2 Controlo de acesso e segurança dos dados

- **Restrição de acesso**: O acesso aos dados do FDM deve ser limitado ao pessoal autorizado diretamente envolvido nas funções de segurança, qualidade ou conformidade.
- **Encriptação e armazenamento de dados**: A encriptação dos dados FDM durante a transmissão e o seu armazenamento seguro ajuda a evitar o acesso não autorizado e garante a integridade dos dados.

15.3 Políticas de conservação de dados

• **Diretrizes de retenção**: Estabelecer políticas claras de retenção de dados para dados FDM, equilibrando as necessidades operacionais com os requisitos de privacidade.
• **Eliminação de dados**: Garantir a eliminação atempada de dados, especialmente de informações específicas da tripulação, em conformidade com as políticas de retenção, protege a privacidade da tripulação.

15.4 Utilização de dados não identificados

• **Processo de desidentificação**: A desidentificação de dados envolve a remoção de identificadores pessoais dos dados FDM antes da análise ou partilha.
• **Cultura não punitiva**: A desidentificação reforça uma cultura não punitiva, assegurando que os dados são utilizados estritamente para melhorias de segurança e não para acções disciplinares.

15.5 Protecções legais para dados FDM

• **Proteção contra litígios**: Algumas jurisdições oferecem protecções legais para os dados FDM, impedindo a sua utilização como prova em processos judiciais.
• **Limitações de utilização de dados**: As protecções legais podem restringir a forma como os dados FDM podem ser utilizados internamente, limitando-os estritamente a fins de segurança e conformidade para evitar acções punitivas.

15.6 Conformidade regulamentar e auditorias

• **Conformidade com auditorias**: As entidades reguladoras podem exigir o acesso a dados FDM para auditorias. É essencial garantir a conformidade, mantendo a confidencialidade.
• **Revisões regulares das políticas**: A revisão de rotina das políticas de tratamento de dados garante que estas se mantêm em conformidade com as normas legais em evolução.

SECÇÃO - 16

COMUNICAÇÃO OBRIGATÓRIA DE OCORRÊNCIAS E CUMPRIMENTO DO FDM

16. Comunicação obrigatória de ocorrências e conformidade com o FDM

A comunicação obrigatória de ocorrências (MOR) é uma componente essencial da segurança da aviação, exigindo que as companhias aéreas comuniquem às autoridades reguladoras incidentes e ocorrências específicos relacionados com a segurança. Os dados do FDM desempenham um papel fundamental no apoio e reforço do MOR, fornecendo informações pormenorizadas sobre as circunstâncias que envolvem estas ocorrências. A relação entre o FDM e o MOR é multifacetada, abrangendo a integração de dados, protocolos de comunicação e verificações de conformidade para garantir uma supervisão abrangente da segurança.

16.1 Objetivo da comunicação obrigatória de ocorrências (MOR)

1. **Medida de segurança preventiva**: O principal objetivo do MOR é identificar precocemente os problemas de segurança e implementar acções preventivas para evitar a recorrência. Ao comunicar sistematicamente as ocorrências, as companhias aéreas e as entidades reguladoras podem identificar as tendências, as causas principais e os potenciais perigos.
2. **Obrigação legal**: Nos termos do Anexo 13 da ICAO e de vários regulamentos regionais (por exemplo, requisitos da EASA e da FAA), os operadores são obrigados a comunicar eventos de segurança significativos. Isto inclui incidentes que poderiam ter afetado a segurança de um voo, mesmo que não tenham resultado num acidente real.
3. **Abordagem não punitiva**: O MOR é conduzido no âmbito de uma estrutura de "Cultura Justa", que incentiva os funcionários a comunicar incidentes sem receio de acções punitivas. Isto alinha-se estreitamente com os objectivos não punitivos da FDM, promovendo uma cultura de comunicação aberta.

16.2 Integração de dados FDM com MOR

1. **Relatórios melhorados**: Os dados FDM fornecem informações detalhadas e quantitativas que complementam os relatórios MOR, permitindo uma compreensão mais precisa das circunstâncias de cada ocorrência. Por exemplo, os dados FDM podem oferecer informações específicas sobre parâmetros de voo como velocidade, altitude e ângulo de inclinação durante uma ocorrência.
2. **Validação de dados**: A utilização de dados FDM ajuda a validar a exatidão dos relatórios MOR, assegurando que a informação apresentada às autoridades reguladoras reflecte a sequência real dos acontecimentos. Isto reduz a probabilidade de erro humano ou de má interpretação nos relatórios.
3. **Informação contextual**: Os dados FDM fornecem uma imagem completa, capturando dados pré e pós-ocorrência. Esta informação contextual ajuda a compreender as condições que levaram ao evento, aumentando a exatidão e a profundidade da análise MOR.

16.3 Passos na utilização de dados FDM para MOR

1. **Identificação de eventos**: Quando é detectada uma excedência ou anomalia nos dados FDM, esta é assinalada para análise pela equipa de segurança. Se satisfizer os critérios para MOR, o evento é documentado e preparado para comunicação.
2. **Revisão e análise de dados**: Os responsáveis pela segurança e os analistas de dados examinam os registos do FDM, comparando-os com os relatórios da tripulação e outras fontes para verificar a natureza e o impacto do evento.
3. **Compilação do relatório**: Uma vez validado, o relatório do evento é compilado, incorporando os resultados do FDM para fornecer um relato abrangente. Isto pode incluir representações gráficas dos parâmetros de voo para ilustrar a sequência de eventos.
4. **Apresentação às autoridades**: O relatório finalizado é apresentado à autoridade aeronáutica competente (por exemplo, a CAA, a FAA ou a EASA), garantindo o cumprimento dos requisitos de comunicação obrigatórios.

16.4 Vantagens do FDM no apoio à conformidade MOR

1. **Melhoria da qualidade dos dados**: O FDM assegura que os relatórios MOR se baseiam em dados factuais e registados, melhorando a qualidade geral e a fiabilidade dos relatórios apresentados às entidades reguladoras.
2. **Resolução mais rápida de incidentes**: Ao fornecer dados precisos, o FDM pode acelerar o processo de análise e resolução, permitindo que os operadores implementem prontamente acções corretivas.
3. **Identificação de tendências**: Os dados FDM permitem que os gestores de segurança identifiquem tendências recorrentes em eventos MOR, ajudando a organização a abordar questões sistémicas de forma proactiva.

16.5 Desafios na integração de FDM e MOR

1. **Sensibilidade e confidencialidade dos dados**: A natureza sensível dos dados FDM exige um tratamento cuidadoso para garantir o cumprimento da legislação relativa à proteção de dados. Os operadores devem implementar controlos de acesso rigorosos para evitar a utilização não autorizada.
2. **Interpretação de dados complexos**: A interpretação exacta dos dados FDM requer conhecimentos especializados, uma vez que os dados capturados são altamente técnicos e nem sempre podem ser facilmente compreendidos por não especialistas.
3. **Restrições de recursos e de tempo**: A integração de dados FDM nos processos MOR pode ser intensiva em termos de recursos, exigindo pessoal dedicado e ferramentas de análise avançadas. Os operadores mais pequenos podem enfrentar desafios na implementação de um sistema tão abrangente.

16.6 Estudo de caso: FDM e MOR em ação

Para ilustrar a integração do FDM e do MOR, considere o seguinte exemplo:

- **Cenário**: Durante a descida, um jato comercial experimenta uma elevada velocidade de descida que excede os parâmetros de segurança padrão. Esta situação é registada pelo sistema FDM como uma ultrapassagem.

- **Processo MOR**: Os dados FDM são revistos, confirmando que a taxa de descida excedeu os limites a uma altitude específica e em determinadas condições meteorológicas.

- **Compilação do relatório**: A equipa de segurança compila um relatório MOR utilizando dados FDM, detalhando a altitude, a velocidade de descida e as acções corretivas tomadas pela tripulação. Este relatório fornece uma visão abrangente do evento para análise regulamentar.

- **Acções corretivas**: Com base nas conclusões do FDM e do MOR, a companhia aérea introduz formação adicional para perfis de descida em condições semelhantes, abordando a causa principal da excedência.

16.7 Direcções futuras para a integração de FDM e MOR

1. **Relatórios em tempo real**: À medida que a tecnologia FDM avança, a transmissão de dados em tempo real pode permitir a comunicação imediata de MOR, especialmente no caso de eventos de segurança críticos.
2. **Análise de dados melhorada**: A utilização da inteligência artificial e da aprendizagem automática pode melhorar a interpretação dos dados, permitindo uma compilação mais rápida e mais exacta dos relatórios MOR.
3. **Colaboração entre sectores**: A partilha de dados não identificados de FDM e MOR entre companhias aéreas e organismos reguladores pode fornecer informações sobre tendências mais amplas do sector, promovendo um ambiente de aviação mais seguro.

SECÇÃO - 17
MANUTENÇÃO DE SISTEMAS FDM DE AERONAVES

17. Manutenção de sistemas FDM de aeronaves

A eficácia de um programa de FDM depende em grande medida da fiabilidade e precisão do seu equipamento. A manutenção regular dos sistemas FDM assegura a integridade dos dados, a conformidade e o desempenho contínuo. Segue-se uma análise pormenorizada:

17.1 Manutenção de rotina do equipamento FDM

1. **Inspecções programadas**:

o As inspecções de rotina devem ser realizadas de acordo com as instruções do fabricante
para detetar precocemente eventuais problemas.

o As inspecções ajudam a verificar se **as unidades de aquisição de dados de voo (FDAU)** e
Os gravadores de acesso rápido (QAR) estão a funcionar como esperado.

2. **Ensaio de componentes**:

o Os testes regulares dos componentes garantem a integridade dos sistemas de transmissão de dados e verificam se os sensores captam com exatidão os parâmetros necessários.

o Os ensaios devem incluir **sistemas de aquisição de dados, dispositivos de armazenamento de dados** e quaisquer sistemas de transferência sem fios, se aplicável.

3. **Actualizações de firmware e software**:

o Manter o firmware e o software de análise actualizados garante a compatibilidade com as mais recentes técnicas de análise de dados e melhorias do sistema.

o As actualizações podem incluir correcções de segurança, novas funcionalidades para o processamento de dados e optimizações para o tratamento de dados.

17.2 Calibração de sensores e sistemas de registo

1. **Calibração do sensor**:

   o Os sensores devem ser calibrados para manter a exatidão na captação de dados. Os intervalos de calibração devem estar de acordo com as normas operacionais e os factores ambientais que afectam os sensores.

   o Isto inclui a verificação de altímetros, acelerómetros, giroscópios e quaisquer outros sensores críticos utilizados no FDM.

2. **Controlos de consistência**:

   o As verificações de consistência de rotina asseguram que os dados registados estão alinhados com as condições reais de voo, identificando quaisquer discrepâncias causadas por desvios de calibração.

   o As verificações de consistência ajudam a manter a qualidade e a fiabilidade dos dados para uma análise precisa após o voo.

17.3 Verificação da integridade dos dados

1. **Verificação da consistência dos dados**:

   o Os dados de diferentes segmentos (descolagem, cruzeiro, aterragem) devem ser analisados para garantir que seguem os padrões lógicos esperados em operações normais.

   o **Controlos de redundância**: Garantir que os sistemas redundantes captam dados exactos, que podem ser cruzados para detetar potenciais perdas ou corrupção de dados.

2. **Alertas automatizados sobre a qualidade dos dados**:

   o Muitos sistemas modernos de FDM incorporam verificações automáticas da qualidade dos dados, assinalando potenciais anomalias em tempo real.

   o Estes alertas podem ser configurados para avisar o pessoal de manutenção se forem detectados padrões irregulares ou lacunas na aquisição de dados.

17.4 Documentação e manutenção de registos

1. **Registos de manutenção**:

o Os registos de manutenção detalhados devem registar todas as inspecções, testes e reparações efectuadas nos sistemas FDM.

o A documentação ajuda a acompanhar os problemas ao longo do tempo, garantindo a rastreabilidade e a preparação para a auditoria.

2. **Registos de conformidade**:

o A manutenção de registos para verificação da conformidade com os organismos reguladores é essencial para demonstrar a adesão às normas da aviação.

o Os registos de conformidade devem incluir certificados de calibração, registos de atualização de software e relatórios de testes para auditorias regulamentares.

17.5 Resolução de problemas comuns do sistema FDM

1. **Falhas no registo de dados**:

o As causas das falhas de registo podem variar entre problemas de alimentação eléctrica e avarias no armazenamento de dados. A realização de controlos regulares pode reduzir o risco de tais falhas.

o Devem ser tomadas medidas imediatas para substituir os componentes defeituosos, assegurando uma interrupção mínima do programa FDM.

2. **Atrasos na transmissão de dados**:

o Nos sistemas que dependem da transferência de dados sem fios, os atrasos na transmissão podem ser causados por interferências no sinal ou por limitações da largura de banda.

o As equipas de manutenção devem resolver problemas de ligações de rede e avaliar os requisitos de largura de banda para evitar atrasos na disponibilidade dos dados.

17.6 Abordagens de manutenção preventiva e preditiva

1. **Manutenção preventiva**:

o A manutenção preventiva segue um calendário definido para substituir ou reparar componentes antes de estes falharem, prolongando a vida útil e a fiabilidade do sistema.

- o Os exemplos incluem a substituição de rotina da bateria, a limpeza de equipamento sensível e actualizações regulares de software.

2. **Manutenção preditiva utilizando a análise de dados**:

- o Os sistemas FDM avançados podem aproveitar a análise preditiva para antecipar o desgaste e a falha dos componentes.
- o Os dados dos registos de manutenção anteriores, combinados com os dados de utilização, podem prever quando é que as peças irão provavelmente necessitar de manutenção ou substituição.

17.7 Formação e certificação para o pessoal de manutenção do FDM

1. **Formação especializada**:

- o O pessoal de manutenção que lida com sistemas FDM deve receber formação especializada para compreender os requisitos técnicos dos sistemas de aquisição e registo de dados.
- o Os programas de formação devem abranger o diagnóstico do sistema, a substituição de componentes, os procedimentos de calibração e os requisitos regulamentares.

2. **Requisitos de certificação**:

- o A certificação pelas autoridades aeronáuticas reconhecidas garante que o pessoal de manutenção está qualificado para lidar com sistemas FDM em conformidade com as normas regulamentares.
- o Os requisitos de certificação podem incluir a familiaridade com equipamento específico de FDM e a conclusão de cursos técnicos relevantes.

SECÇÃO - 18

SUPERVISÃO REGULAMENTAR DO FDM E CONTROLOS DE CONFORMIDADE

18. Supervisão regulamentar de FDM e controlos de conformidade

A supervisão regulatória é essencial para garantir que os sistemas de Monitoramento de Dados de Vôo (FDM) sejam implementados, mantidos e operados de uma forma que se alinhe com os padrões de segurança estabelecidos. As autoridades da aviação, como a **Autoridade de Aviação Civil (CAA)**, **a Administração Federal de Aviação (FAA)** e **a Agência de Segurança da Aviação da União Europeia (EASA)**, estabelecem regulamentos e efectuam auditorias para verificar a conformidade. Eis uma análise aprofundada da forma como os organismos reguladores supervisionam a FDM e garantem a adesão aos requisitos de segurança.

18.1 Objetivo da supervisão regulamentar no âmbito da DQM

A supervisão regulamentar visa garantir que os programas FDM apoiam eficazmente a segurança de voo, cumprindo as normas prescritas e facilitando uma cultura de segurança proactiva. Através da supervisão, os reguladores ajudam os operadores a identificar potenciais lacunas nos seus sistemas FDM e a efetuar melhorias alinhadas com as melhores práticas.

- **Objetivo**: O principal objetivo é garantir que os programas FDM funcionem num quadro que dê prioridade à segurança e à transparência.
- **Mitigação de riscos**: As verificações regulamentares servem como uma camada adicional de mitigação de riscos, garantindo que as normas de segurança são cumpridas e identificando quaisquer áreas onde os riscos possam ter sido negligenciados.

18.2 Principais áreas de incidência na supervisão regulamentar

As autoridades reguladoras centram-se em áreas específicas do programa FDM de um operador, assegurando a conformidade com as normas e a eficácia na identificação e gestão dos riscos operacionais. Os principais domínios incluem:

18.2.1 Estrutura e implementação do programa FDM

- As entidades reguladoras analisam a estrutura e o âmbito do programa FDM, avaliando se este está adequadamente concebido para cumprir os requisitos regulamentares.
- **Critérios de avaliação**: Inclui a frequência de recolha de dados, as capacidades de análise e a integração com outros sistemas de segurança, como os sistemas de gestão da segurança (SMS).

18.2.2 Integridade dos dados e protocolos de segurança

- É fundamental garantir a confidencialidade e a segurança dos dados FDM. As entidades reguladoras verificam se existem controlos de acesso aos dados, encriptação e medidas de armazenamento seguro.
- **Requisitos de conformidade**: Os dados devem ser protegidos contra o acesso não autorizado para manter a confiança e garantir o cumprimento das normas de privacidade.

18.2.3 Relatórios e documentação

- A comunicação exacta e atempada é essencial para a conformidade regulamentar. As entidades reguladoras verificam se todas as análises, relatórios e revisões de segurança do FDM estão documentados e acessíveis.
- **Pista de auditoria**: A documentação fornece uma pista de auditoria que demonstra a adesão aos regulamentos e facilita a melhoria contínua.

18.3 O processo de auditoria em FDM

As auditorias regulamentares são análises sistemáticas efectuadas por organismos regulamentares para garantir que os sistemas FDM estão em conformidade com as normas de segurança e operacionais.

18.3.1 Tipos de auditorias

- **Auditorias programadas**: Trata-se de revisões planeadas e periódicas, frequentemente realizadas anualmente ou de dois em dois anos.
- **Auditorias não programadas**: Efectuadas em resposta a incidentes específicos, constatações ou
preocupações sobre as práticas de segurança de um operador.

18.3.2 Fases de uma auditoria FDM

- **Preparação da pré-auditoria**: O operador é normalmente notificado e recebe uma lista de controlo ou orientações.
- **Revisão no local**: As entidades reguladoras analisam a documentação, entrevistam o pessoal e examinam as práticas de tratamento de dados para avaliar a conformidade.
- **Feedback pós-auditoria**: Após a auditoria, os reguladores fornecem feedback, destacando as áreas de conformidade e identificando quaisquer acções corretivas necessárias.

18.4 Constatações comuns e questões de não-conformidade

As entidades reguladoras deparam-se frequentemente com problemas comuns durante as auditorias, que estão normalmente relacionados com lacunas na execução do programa ou desalinhamentos com as normas prescritas.

18.4.1 Lacunas no tratamento de dados e na confidencialidade

- **Questão**: Proteção inadequada dos dados ou controlo do acesso, o que pode levar a violações da confidencialidade.

- **Recomendação**: Implementar protocolos de acesso mais rigorosos e garantir que todo o pessoal que manuseia dados recebe formação sobre os requisitos de privacidade.

18.4.2 Documentação incompleta

- **Questão**: Registos em falta ou desactualizados que impedem uma auditoria eficaz e a demonstração da conformidade.
- **Recomendação**: Assegurar que os registos do FDM são regularmente actualizados e devidamente armazenados para facilitar o acesso.

18.5 Acções corretivas e acompanhamento

Quando são identificados problemas de não-conformidade, os organismos reguladores exigem normalmente que o operador implemente acções corretivas dentro de um prazo especificado.

18.5.1 Desenvolvimento de um Plano de Ação Corretiva (PAC)

- **Estrutura do plano**: Os operadores devem delinear acções para dar resposta a cada constatação, especificando os prazos, as responsabilidades e os resultados esperados.
- **Processo de aprovação**: O PAC é apresentado às entidades reguladoras para análise e deve cumprir as normas regulamentares antes de ser implementado.

18.5.2 Verificação e encerramento

- Após a aplicação das medidas corretivas, as entidades reguladoras efectuam controlos de acompanhamento para verificar o cumprimento.
- **Aprovação final**: Assim que a entidade reguladora confirmar que todas as acções corretivas são eficazes, o resultado da auditoria é encerrado.

18.6 Melhoria contínua e conformidade com o FDM

A supervisão regulamentar também promove a melhoria contínua, incentivando os operadores a irem além da mera conformidade e a melhorarem ativamente os seus sistemas FDM.

- **Avaliação comparativa**: Os operadores podem utilizar o feedback das auditorias para comparar as suas práticas com as melhores práticas do sector.
- **Inovação**: Os organismos reguladores incentivam a adoção de novas tecnologias e métodos, como a análise de dados em tempo real, para aumentar a eficácia da FDM.

18.7 Papel dos regulamentos nacionais e internacionais na FDM

Os programas de FDM são regidos por uma estrutura complexa de regulamentos nacionais e internacionais, que asseguram uma abordagem padronizada à FDM em todo o sector.

18.7.1 Normas internacionais

- **Anexo 6 da ICAO**: Obriga a FDM para os operadores de grandes aeronaves e fornece um quadro normalizado.
- **Requisitos da AESA e da FAA**: Estas autoridades acrescentam diretrizes e requisitos específicos adaptados às suas jurisdições.

18.7.2 Adaptações nacionais

- Os organismos reguladores adaptam as normas internacionais às suas necessidades regionais, reflectindo os desafios operacionais locais e as preferências regulamentares.
- **Exemplos**: Diferentes leis de privacidade de dados podem exigir diferentes níveis de proteção de dados e controlo de acesso.

18.8 Colaboração da indústria para a conformidade regulamentar

As entidades reguladoras incentivam a colaboração no sector, promovendo a aprendizagem partilhada e a inovação. Os fóruns nacionais, as associações industriais e as cimeiras regulamentares oferecem oportunidades para os operadores partilharem as melhores práticas e abordarem coletivamente os desafios regulamentares.

- **Fóruns nacionais de FDM**: Estes fóruns são frequentemente organizados por organismos reguladores, oferecendo uma plataforma para discutir estratégias de conformidade e melhorias de segurança.
- **Benefícios da colaboração**: A aprendizagem partilhada reduz os custos de conformidade e ajuda os operadores mais pequenos a implementar sistemas FDM robustos.

18.9 Orientações futuras em matéria de supervisão regulamentar

A evolução da tecnologia da aviação influencia continuamente as abordagens regulamentares à FDM. As entidades reguladoras estão cada vez mais concentradas na integração de tecnologias emergentes, como a inteligência artificial e a aprendizagem automática, para melhorar a supervisão da segurança.

- **Monitorização em tempo real**: Os organismos reguladores estão a explorar a viabilidade da partilha de dados FDM em tempo real para facilitar a supervisão proactiva.
- **Análise avançada de dados**: As inovações na análise permitem aos reguladores detetar tendências de forma mais eficaz, melhorando as medidas de segurança preditivas.

APÊNDICES

Apêndice - Uma lista de abreviaturas

1. **FDM** - Flight Data Monitoring
2. **SMS** - Safety Management System
3. **FDAU** - Flight Data Acquisition Unit
4. **QAR** - Quick Access Recorder
5. **DFDR** - Digital Flight Data Recorder
6. **FAA** - Federal Aviation Administration
7. **EASA** - European Union Aviation Safety Agency
8. **ICAO** - International Civil Aviation Organization
9. **EU-OPS** - European Union Operational Standards for Commercial Air Transport
10. **HFDM** - Helicopter Flight Data Monitoring
11. **ATQP** - Alternative Training and Qualification Program
12. **MOR** - Mandatory Occurrence Reporting
13. **CRM** - Crew Resource Management
14. **RBAC** - Role-Based Access Control
15. **CAP** - Corrective Action Plan
16. **AHMS** - Aircraft Health Monitoring Systems
17. **AFDT** - Automated Flight Data Transfer
18. **FOQA** - Flight Operational Quality Assurance

Apêndice - B Lista de definições

1. **Monitorização dos dados de voo (FDM)**

Um programa de segurança proactivo e não punitivo que envolve a recolha e análise de dados de voos de rotina para melhorar a segurança. O FDM identifica os riscos operacionais através dos dados de voo registados, permitindo aos operadores introduzir melhorias de segurança baseadas em dados.

2. **Sistema de gestão da segurança (SMS)**

Uma abordagem sistemática à gestão da segurança, incluindo as estruturas organizacionais, responsabilidades, políticas e procedimentos necessários. O SMS visa prevenir acidentes e incidentes através de uma gestão proactiva dos riscos.

3. **Unidade de Aquisição de Dados de Voo (FDAU)**

Um dispositivo na aeronave que recolhe dados de vários sensores e sistemas. O FDAU desempenha um papel central na recolha de dados em tempo real utilizados para a análise FDM.

4. **Gravador de acesso rápido (QAR)**

Um tipo de registador concebido para facilitar o acesso aos dados de voo, permitindo descarregamentos de rotina de informação operacional para análise de segurança. Os QAR são normalmente utilizados em FDM para registar parâmetros de voo de rotina.

5. **Gravador digital de dados de voo (DFDR)**

Muitas vezes referido como a "caixa negra", este gravador protegido contra acidentes armazena dados críticos de voo para utilização em investigações de acidentes.

6. **Comunicação obrigatória de ocorrências (MOR)**

Um requisito regulamentar que obriga à comunicação de incidentes e ocorrências específicos relacionados com a segurança às autoridades da aviação. O MOR apoia uma cultura de segurança através da documentação sistemática de incidentes.

7. **Gestão dos recursos da tripulação (CRM)**

Formação e práticas operacionais que melhoram as capacidades de comunicação, de tomada de decisões e de trabalho em equipa dos membros da tripulação, com vista a maximizar a segurança.

8. **Plano de Ação Corretiva (PAC)**

Um plano estruturado desenvolvido por um operador para abordar e corrigir problemas de segurança específicos identificados através de auditorias, inspecções ou análise de dados. Os CAP asseguram respostas atempadas e eficazes aos riscos identificados.

9. **Cultura justa**

Um conceito no âmbito da cultura de segurança que encoraja a comunicação aberta de questões de segurança sem receio de acções punitivas, desde que a ação não tenha sido imprudente ou intencional.

10. **Excedência**

Um caso em que um parâmetro de voo (por exemplo, altitude, velocidade) ultrapassa os limites de segurança predefinidos, indicando um potencial desvio dos procedimentos operacionais padrão (SOPs).

11. **Anonimização de dados**

O processo de remoção de identificadores pessoais dos dados para proteger a privacidade, frequentemente aplicado na FDM para manter a confidencialidade e permitir a análise dos dados.

12. **Análise preditiva**

Métodos de análise avançados utilizados para prever tendências e riscos futuros com base em dados históricos, permitindo medidas de segurança proactivas.

13. **Deteção de eventos**

Uma função dos sistemas FDM que identifica ocorrências ou anomalias específicas de voo que podem indicar um risco operacional ou desvio dos SOPs.

14. **Análise de tendências**

A análise de dados históricos para identificar padrões e tendências, ajudando a compreender as mudanças a longo prazo no desempenho da segurança.

Apêndice - C Referências

Este artigo foi preparado para servir como um guia abrangente para a compreensão do processo e dos requisitos do Monitoramento de Dados de Vôo (FDM) em companhias aéreas. Ele utiliza os seguintes materiais regulatórios como referências-chave de orientação:

1. **CAP 739 da CAA**

o **Documento**: "CAP 739"

o **Emitido por**: Autoridade da Aviação Civil (CAA), Reino Unido

o **Ligação:** https://www.caa.co.uk/our- work/publications/documents/content/cap-739/

o **País**: Reino Unido

2. **Anexo 6 da ICAO**

o **Documento**: "Anexo 6 da ICAO"

o **Emitido por**: Organização da Aviação Civil Internacional (ICAO)

o **Ligação**: Anexo 6 da ICAO (Nota: os anexos da ICAO podem exigir uma compra ou subscrição para acesso completo)

o **País**: Internacional (com sede no Canadá)

3. **EASA AIR OPS ORO.AOC.130**

o **Documento**: "Operações Aéreas da EASA - ORO.AOC.130"

o **Emitido por**: Agência da União Europeia para a Segurança da Aviação (EASA)

o Ligação: https://www.easa.europa.eu/sites/default/files/dfu/Consolidated %20unofficial%20AMC&GM_Annex%20III%20Part-ORO.pdf

o **País**: União Europeia (com sede na Alemanha)

4. **JAR OPS 3**

o **Documento**: "JAR-OPS 3 - Transporte Aéreo Comercial (Helicópteros)"

o **Emitido por**: Autoridades Comuns da Aviação (JAA)

o **Ligação:** https://www.easa.europa.eu/sites/default/files/dfu/certification- flight-standards-doc-oeb-supporting-documents-fcl-ops-JAR-OPS- 3.pdf

o **País**: Europa (historicamente coordenado em vários países europeus)

5. **AC 120-82 da FAA**

o **Documento**: "FAA Advisory Circular 120-82 - Garantia da qualidade das operações de voo"

- **Emitido por**: Administração Federal da Aviação (FAA), Estados Unidos
- **Ligação:** https://www.faa.gov/regulations_policies/advisory_circulars/index.cfm/go/document.information/documentid/23227
- **País**: Estados Unidos

Printed by Books on Demand GmbH, Norderstedt / Germany